高等院校"十四五"应用型艺术设计教育系列规划教材

书籍装帧设计

（第2版）

主　编　肖　巍　张　莉

副主编　姚　田　董　璐

　　　　徐　齐　陈德智

U0179481

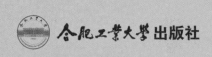

合肥工业大学出版社

图书在版编目（CIP）数据

书籍装帧设计/肖巍，张莉主编. —2版. —合肥：合肥工业大学出版社，2024.2
ISBN　978-7-5650-6539-2

Ⅰ.①书…　Ⅱ.①肖…　②张…　Ⅲ.①书籍装帧—设计材　Ⅳ.①TS881

中国国家版本馆CIP数据核字（2024）第005001号

书籍装帧设计（第2版）

肖　巍　张　莉　主编　　　　　责任编辑　张　慧

出　版	合肥工业大学出版社	版　次	2017年7月第1版	
			2024年2月第2版	
地　址	合肥市屯溪路193号			
邮　编	230009	印　次	2024年2月第1次印刷	
		开　本	889毫米×1194毫米　1/16	
电　话	人文社科出版中心：0551-62903205			
	营销与储运管理中心：0551-62903198	印　张	9.5　字　数　196千字	
网　址	press.hfut.edu.cn	印　刷	安徽联众印刷有限公司	
E-mail	hfutpress@163.com	发　行	全国新华书店	

ISBN　978-7-5650-6539-2　　　　　　　　　　　　定价：55.00元

　　《书籍装帧设计（第2版）》详细介绍了书籍装帧设计的整个过程，通过对书籍装帧设计历史的回顾，总结了书籍装帧设计的特征和属性，对书籍装帧设计的整体设计进行了全面的介绍，分析书籍装帧设计的构成和艺术规律；同时对现代书籍形态设计中的图形、色彩、文字和材料进行了实践探讨，论述了概念书和电子书在现代书籍设计中的意义与作用。教材结合实践教学的经典案例，进一步强化现代书籍设计的艺术性、审美性和立体性。教材侧重于书籍封面的视觉传达设计，既有基础理论，又有经典案例和创意理念，图文并茂，对学生研究书籍艺术，提高想象力和动手能力，具有较强的启迪和指导作用。教材创造性地加入了书籍信息化设计、书籍设计的形态和概念书设计等内容，对书籍装帧设计的未来走向、专业训练、学生创新思维的开发做了系统的思考。

　　《书籍装帧设计（第2版）》适合于普通高等教育艺术设计、视觉传达设计等相关专业师生作为教学用书，也适合于相关行业从业人员及书籍装帧设计爱好者阅读使用。

编 者

2024年1月

第一章　书籍设计简史

第一节　中国书籍艺术发展简史

一、最初的探索

公元前16世纪至公元前11世纪的商代，统治者以为天是至高无上的主宰，并将文字视为神的文字。在遇到祭祀、征战、田猎、疾病等无法预知的事情时，先人就用笔将文字书写于龟甲或兽骨之上，并用刀锲刻，而后煅烧，通过占卜来寻求来自上天的启示，这就是甲骨文的由来。人们往往还称其为"骨头书"。

图1-1

图1-2

图1-3

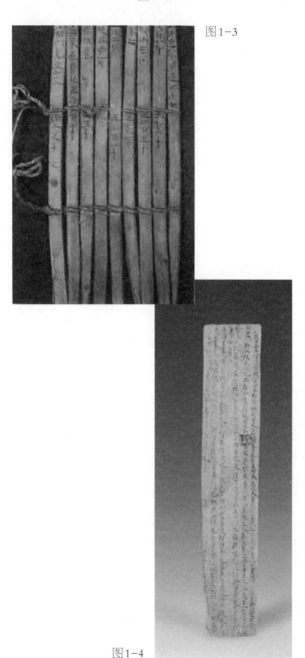

图1-4

甲骨文字的排列，直行由上到下，横行则从右至左或从左到右，已颇具篇章布局之美。甲骨卜辞的摆放似乎也有一定的顺序。《尚书·多士》说："惟汝知，惟殷先人有册有典，殷革夏命。"其中甲骨文"册"字的含义似乎就是甲骨刻上文字后串联在一起的称呼。郑振铎在《插图本中国文学史》中说："许多龟板穿成册子。"这样穿成的册子便称"龟册"。"典"和"册"的象形，形象地表明了那时的装帧形态。那么，在甲骨上穿孔，再用绳子或皮带把甲骨一片一片缀编起来，是需要技术并具有一定审美水平的，这应该称得上是装帧艺术的源头。

青铜器至西周已发展至鼎盛时期。用于记事的铭文常常被铭刻在器物的内壁和器盖的背面。这些关于战争、条例、典礼等政治活动的文字记录之所以刻在金石上，是古人深恐其他材料不能永久保存而使后世子孙不得而知的缘故。西周初期的铭文篇幅很短，大保方鼎仅"大保铸"3个字，而后期的毛公鼎则有铭文490多字。

二、书籍的形成

1. 简策

中国的书籍形式，是从简策开始的。简策始于商代（公元前14世纪），一直延续到汉（公元2世纪），沿用时间很长。用竹做的书，古人称作"竹简"，即将大竹竿截断劈成细竹签，在竹签上写字，这根竹签叫作"简"，把许多简编连起来叫作"策"。用木做的，古人称为"版牍"，即把树木锯成段，剖成薄板，括平。

新竹容易腐朽或受到虫害，必须先在火上烘干，去掉水分。简的长度，一般有三尺、尺半和一尺三种。编简成册的方法是用绳将简依次编连，上下各一道，再用绳子的一端，将简扎成一束，就成为一册书。汉代时的简，书写已经十分规范，先有两根空白的简，称为赘简，目的是保护里面的简，相当于现在的护页，然后是篇名、作者、正文。但是，由于简策有分量重、占地方、使用不便等很多缺点，逐渐被一种更轻便的帛所替代。

2. 卷轴装

春秋时期，私人著作逐渐增多，对书便于携带的要求加强，于是出现了在丝织品上写的书。丝织品当时有帛、缣、素等。帛柔软轻便，携带和保藏都很方便，帛书的左端包一根细木棒做轴，从左向右卷起，成为一束，便为卷轴。卷口用签条标上书名。但帛造价昂贵，不利于广泛使用。

东汉以后，造纸术的发明，为人类文明掀开了新的篇章。文字依附的材料，渐为纸张所代替。纸书的最初形式是沿袭帛书的，依旧采用卷轴装。轴通常是一根有漆的细木棒，也有的帝王贵族采用珍贵的材料来做轴，如琉璃、象牙、珊瑚、紫檀等。卷子的左端卷入轴内，右端露在卷外，为保护它另用一段纸或丝织品糊在前面，叫作褾。褾头再系上各色丝带，用作缚扎。从装帧形式上看，卷轴装主要从卷、轴、褾、带四个部分进行装饰。

图1-5

图1-6

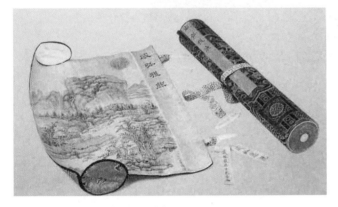

图1-7

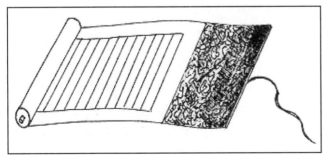

图1-8

图1-9

"玉轴牙签，绢锦飘带"是对当时卷轴书籍的生动描绘。卷轴装的纸书，从东汉（公元2世纪）一直沿用到宋初（公元10世纪）。

三、书籍的演变

1. 经折装

经折装产生于唐后期（公元9世纪），是从卷轴装到册页装的过渡形式。卷轴装的书，如果要查阅中间某一段，必须从头打开，舒卷、查阅都十分不便。这时，雕版印刷术已经发明，需要根据版的尺寸来确定页面的大小。于是，原来卷轴装中的长卷纸就被反复折叠，首尾粘在厚纸板上，有时再裱上织物或色纸作为封面，这种形式就叫作经折装。

图1-10

2. 旋风装

旋风装实际上是经折装的变形产物。它是用一张大纸对折起来，一半粘在书的最前面，另一半从书的右边包到背面，粘在末页。如果从第一页翻起，一直翻到最后，仍可接连翻到第一页，回环往复，不会间断，因此得名。

图1-11

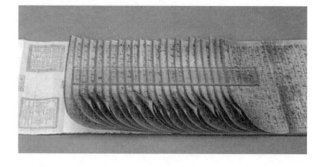

3. 蝴蝶装

印刷术的发明，给书籍形式带来很大的变化，书籍从卷轴形式转变到册页形式。册页是现代书籍的主要形式。蝴蝶装就是册页的最初形式。它不像旋风装每页相连，而是一个版就是一页，书页反折，使版心朝里，单口向外，并将折口一起粘在一张包背的硬纸上，有时用丝织品作为封面面料，很像现代的精装书籍。其由于翻动时像蝴蝶展翅，因此得名。此种装帧方法避免了经折装和旋风装书页折痕处容易断裂的现象，得到较大推广。蝴蝶装的书籍在书架上陈列时，书口朝下，书根向外，与现代书籍陈列方式不同。蝴蝶装起始于五代（公元10世纪），盛行于宋代，至元代（公元13世纪）逐渐衰落。

图1-12

4. 包背装

虽然蝴蝶装有很多方便之处，但也很不完善。因为文字面朝内，每翻阅两页的同时必须翻动两页空白页。因此，到了元代，包背装取代了蝴蝶装。包背装与蝴蝶装的主要区别是对折页的文字面朝外，背向相对。两页版心的折口在书口处，所有折好的书页，叠在一起，戳齐折扣，版心内侧余幅处用纸捻穿起来。用一张稍大于书页的纸贴书背，从封面包到书脊和封底，然后裁齐余边，这样一册书就装订好了。包背装除每两页书口处是相连的以外，其他特征均与今天的书籍相似。

图1-13

5. 线装

由于包背装的纸捻易受到翻书拉力的影响而断开，造成书页散落的问题，因此，明朝中叶以后，包背装被线装的形式所取代。它不易散落，形式美观，是古代书籍装帧发展成熟的标志。线装的封面、封底不再用一整张纸绕背胶粘，而是上下各置一张散页，然后用刀将上下及书背切齐，并用浮石打磨，再在书脊处打孔用线串牢。线多为丝质或棉质，孔的位置相对书脊比纸捻远，以便装订后纸捻不显露出来。最常见的是四针眼订法，偶尔也有六针眼或八针眼的。有时，常将书脚用绫锦包起来，这叫作包角。

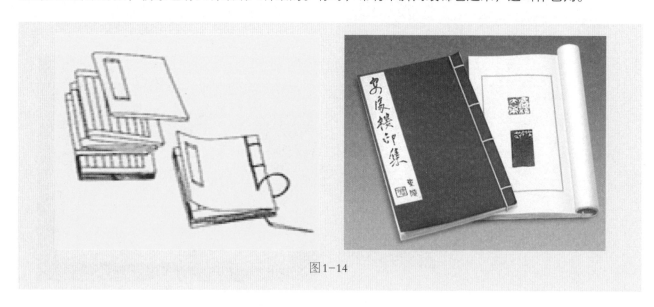

图1-14

包背装和线装的书籍，书口易磨损破裂，因此，上架收藏采取平放的方式。为了方便，有时还在书根上靠近书背处写上书名和卷次。由于是平着摆放，封面也不需要使用厚硬的材料，多是用比书纸略厚一点的纸张，有时也用布面，故而具有柔软、亲切的感觉。由于书籍柔软，为防其破损，多用木板或纸板制成书函加以保护。书函的尺寸大小依照实际需要而定，且形制多样。多用硬纸板为衬，白纸做里，外用蓝布或云锦做面。书函一般从书的封面、封底、书口和书脊四面折叠包裹成函，两头露出书的上下两边。也有六面全包严的，叫"四合套"。在开函的地方常挖作月牙形或云头形，称作"月牙套"或"云头套"。另外，也有用木匣或夹板做成考究的书函，既保护书籍又增添书籍的艺术典雅之美。

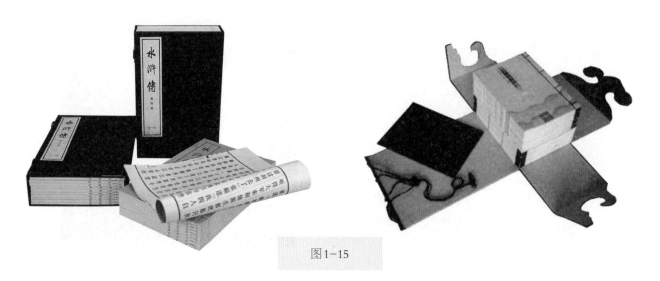

图1-15

四、书籍的新面貌

由于五四运动时期新文化运动的推动，以及先进技术的引进，装帧艺术逐渐脱离了古代的形式结构，开始向现代书籍的生产方式与设计形态转变。代表人物鲁迅，为我国装帧艺术做出了重要贡献。更多艺术家也参与到书籍装帧艺术之中。

鲁迅是我国现代书籍设计艺术的开拓者和倡导者，"天地要阔、插图要精、纸张要好"是他对书籍设计的基本要求。他特别重视对国外和国内传统装帧艺术的研究，还自己动手设计了数十种书刊封面，如《呐喊》《引玉集》《华盖集》等，其中《呐喊》的设计强调红白、红黑的对比，形式简洁，有力地突出了作品的内在精神气质。

图1-16

对于封面设计，鲁迅认为是一门独立的绘画艺术，承认它的装饰作用，但不赞成图解式的创作方法；对于版式，他主张版面要有设计概念，不要排得过满过挤，不留一点空间，强调节奏、层次和书籍版面的整体韵味。在鲁迅先生的影响下，涌现出如丰子恺、陶元庆、司徒乔、关良、钱君匋、林风眠、陈之佛、蔡若虹、叶灵凤、庞薰琹等一大批学贯中西、极富文化素养的书籍设计艺术家。他们多数曾留学西方或日本，受过西方文化的影响，在创作时往往无所羁绊、博采众长，丰富了新文学书籍的设计语言。

同时，随着我国书籍设计艺术的发展，出现了许多从事书籍设计的专家与机构。从1959年开始举办全国书籍装帧艺术展览会，以第六届全国书籍装帧艺术展的部分作品为例。涌现出来众多别出心裁、极具创意、富有民族特色的书籍设计，表现出我国书籍设计的理念和语言都在进行飞速的变革，呈现出崭新的时代面貌。

图1-17

图1-18

图1-19

图1-20

图1-21

第二节　西方书籍艺术发展简史

一、原始形态的书籍

人类最早的文字是由美索不达米亚的苏美尔人创造的楔形文字。苏美尔人用一种三角形的小凿子在黏土板上凿上文字，笔画开头粗大，尾部细小，很像蝌蚪的形状。待黏土板干燥窑烧后形成坚硬的字版，装入皮带或箱中组合，这就成为厚厚的一页一页重合起来的书。公元前3000年，埃及人发明了象形文字。他们用修剪过的芦苇笔将象形文字写在尼罗河流域湿地生产的纸莎草纸上，呈卷轴形态，纸卷在木头或象牙棒上。

图1-22

二、册籍的出现

公元前2世纪，小亚细亚的帕加马研发出可以两面书写的新材料——羊皮纸，其比纸莎草纸要薄而且结实得多，能够折叠，采取一种册籍的形式。公元3世纪和公元4世纪时，册籍形式的书得到普及，册籍翻阅起来比卷轴容易，可以很好地进行查阅、收藏和携带。

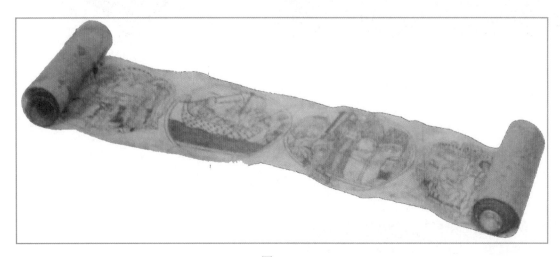

图1-23

三、书籍的诞生

纪元初年的欧洲是一个由口头文化支配的世界，修道院成为书面文化和拉丁文化的聚集地。从纪元初到11世纪，书籍的制作也几乎都是修道院等宗教机构完成的，僧侣们传抄的作品多为宗教文学，如圣经、祈祷书、福音书等礼拜经文。

8世纪时才出现了关于世俗作品的书籍。手抄本中有大量丰富的插图，分为三种类别：一是花饰手写字母，二是围绕文本的框饰，三是单幅的插图。与此同时，书籍装帧艺术也得到了发展。书籍封面起着保护、装饰的作用，材料多用皮，有时配以金属的角铁、搭扣使之更加坚固。

图1-24

四、古腾保时期的书籍

13世纪左右，中国造纸术传入欧洲，促进了新的印刷技术的诞生。德国的美因茨地区，一位名叫古腾堡的人发明了图书制造的革命性技术——金属活字版印刷术。1454年，由古腾堡印制的四十二行本《圣经》是第一本因其每页的行数而得名的印刷书籍，堪称是活版印刷的里程碑。

图1-25

图1-26

五、文艺复兴时期的书籍

16世纪，文艺复兴运动风行全欧洲。人文主义者与印刷商、出版商密切合作，积极开始对新图书的探索。他们在对古代文化巨著的研究中，先后创造了完美的罗马体铅字和优雅的斜体字。随着袖珍图书的增多、书价的降低，书籍日趋平民化。版面中一些引导阅读的美术字体、标点、页码，插图使文本的条理更加清晰，也促使无声的阅读方式慢慢普及。

六、现代书籍的发展

16世纪至17世纪，是欧洲多事纷乱的年代，但这个时期却是书籍不断发展与革新的时代，书籍的现代特征更加明显起来。

大开本的书籍已不再流行，小说、诗集等大多采用4开或者更小的开本印刷。伴随着小开本的普及与新图书种类的不断出现，18世纪出现了一股阅读的狂潮，书籍成为人们日常生活中不可或缺的物品。

18世纪可以说是词典和百科全书的世纪，其创新的文本结构为所有人提供了便于阅读和理解人类知识的机会，在思想史上具有重大意义。

图1-27

七、莫里斯的书籍设计

威廉·莫里斯领导了英国"工艺美术"运动，开创了"书籍之美"的理念，主张艺术创作从自然中汲取营养，倡导艺术与手工艺相结合，强调艺术与生活相融合的设计概念，主张书籍的整体设计。他在生命的最后几年里，将全部的热情投入书籍设计中，认为"书不只是阅读的工具，也是艺术的一种门类"。1891年，他建立了凯姆斯各特出版社。该出版社借鉴中世纪手抄本的设计理念，讲究工艺技巧，制作严谨，书籍精美、优雅、简洁、美观，充满了理性、改良的古典主义和自然主义风格。其代表作品是《乔叟诗集》，这本书是他所倡导的"书籍之美"理念的最好体现，被认为是书籍装帧史上杰出的作品。

图1-28

　　书籍的整体设计被称作书籍装帧设计。书籍装帧设计艺术包括封面、扉页和插图设计，它们被称作书籍装帧设计艺术的三大主体设计要素。而封面设计的三要素是图形、色彩和文字。设计者的使命就是要将图形、色彩和文字这三者完美地结合起来，从而表现出不同性质书籍的文化内涵，进而将书籍中的文化信息通过完美的形式传递给读者。

　　随着科学技术和出版事业的飞速发展，与书籍出版密不可分的书籍装帧，呈现一片欣欣向荣的繁荣景象，越来越受到人们的关注。书籍装帧设计已经成为一个立体的、多侧面的、多层次的、多因素的系统工程。现在，有人把书籍装帧归入平面设计，叫作书籍设计；而绝大多数人仍认为是书籍装帧艺术。

　　最初人们认为书籍以内容为主，装帧可有可无；后来有人认为书籍的内容是第一文化主体，书籍装帧是第二文化主体；现在有人认为书籍的内容和装帧有文化同一性，即书籍的文化一体。这是一个崭新的观点，是划时代的、与时俱进的观点。书在生产过程中装帧就被加了进去，装帧和内容不可分离，装帧不但传达了内容所表达的信息，而且使整本书的信息量更丰富、更富有内涵。

　　书籍整体设计是对图书载体的工艺性设计，也是图书载体的艺术性设计。整体设计是对内容、主题及包括塑造形象、构图、色彩、笔法、技巧等在内一切思想性和技法性内容的筹划过程。对书稿的每一种构思及每一个设计行为都是书籍构成的外在和内在、整体和局部、文字传达与图像传播及工艺兑现的一系列探索过程。

　　书籍整体设计的核心是设计，而设计的核心是创意。创意则需思考图书的形式意味、视觉想象、文化意蕴、材料工艺等。书籍的整体设计要求在有限的空间（封面、版面）里，把构成图书的各种要素——文字字体、图片图形、线条线框、颜色色块等诸因素，根据特定内容的需要进行组合排列，按照造型艺术的原理，把构思与计划以视觉形式表达出来。整体设计的计划应与书稿的内容、性质相匹配，又要与印刷工艺要求相适应。整体设计不仅包括封面设计，也包括版面设计，二者不可分割，这一点是当代书籍设计的重要理念。整体设计与一般的绘画创作不同。整体设计工作结束后，设计者的作品只是一种方案，它不是最终完成的艺术品，还需要经过制作、印刷、印后加工等生产环节，通过用纸张及各种装帧材料、印装工艺而物化成为具有物质形态的图书。书籍的整体设计及最终的形态、材质、效果、质量，必须依赖于材料、制作、印刷及印后加工技术。所以，书籍的设计工作是一个系统工程。

　　吕敬人老师的书籍装帧设计作品充满了新奇的构思，设计手法大气，设计内容引人入胜，能够极好地烘托出书籍本身的价值。

图2-1

图2-2

图2-3（第2版）

（1）书籍的形态设计。人们对于形态的感受要强于文字等其他视觉元素，因此形态是传递书籍信息的首要元素。形态的设计往往是一个三维的设计，我们在设计中可以不必拘泥于传统，可以大胆地借入建筑等其他三维造型设计的方式方法，给书注入一种新的活力。书籍的形态设计还包括书籍的装订形式，即组合方式。对于丛书，我们可以把其中的每一本书像积木一样组合在一个大的盒子中。

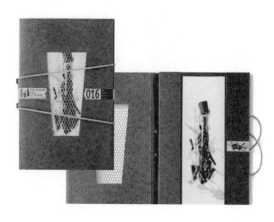

图2-4

（2）书籍的结构设计。当我们拿到一份礼物的时候会迫不及待地打开，打开的过程和打开后呈现的内容是给人的第二印象。书籍也是如此，因此在打开的方式上可以寻找多种途径。通过特别的设计，读者可以在打开的过程中得到惊喜和收获。打开的方式可以是单向的，也可以是多方向的。单向的打开是一般传统书籍设计的方式，多方向的打开可以满足人们在选择性阅读时产生的好奇心。如市场上出现过的商场的宣传杂志以男女来区分阅读的方向，女士从右翻阅，男士从左翻阅。

图2-5

（3）书籍的视觉设计。书籍视觉设计包括图形、文字、色彩、版式设计几大部分。良好的视觉设计可以传达作者的情感，达到与读者情感交流的目的。如历史题材的书籍，在纸张的选择上就可以选择类似牛皮纸的材料，表现古朴的感觉；图形的选择以对应历史朝代的图像元素，给读者一个真实的回归历史的感觉；色彩上以黄色和咖啡色为主，营造一种时代感；在排版的形式上可以采用竖排的形式，使整本书营造一种梦回历史的氛围。

图2-6

设计师刘晓翔设计的绘本《兔儿爷丢了耳朵》，将剪纸以最原始的形态呈现，并巧妙加以重叠组合，剪纸投影的保留凸显了立体感，强化了民族艺术的感染力。在他看来，书籍设计也是对中华书籍文化的传承发展，优秀的图书设计者可以在读物中吸纳悠久而灿烂的民族文化精华，以中国元素讲述中国故事，将东方审美与理念渗透进全书结构和阅读语境中。

图2-7

第一节　书籍整体设计的作用

书籍整体设计的作用就是将书稿的文字、图像、图形、表格等要素有意图、有组织、有顺序地进行设计编排，把书本的文字信息用清晰、有趣、富有节奏感与层次感的方式表达出来；选择合适的纸张及各种装帧材料，将图文大量复制并装订成册，使其载录得体、翻阅方便、阅读流畅、有利传播、易于收藏。

书籍的价值包含着书籍内容的价值和装帧形态的价值两部分。这两部分合二为一，在市场上就成为一种特定形态的社会文化商品。

第二节　书籍整体设计的要求

一、整体性

（1）书籍出版过程中各环节的协调要求：书籍整体设计必须与书籍出版过程中的其他环节紧密配

合、协调一致，更要在工艺选择、技术要求和艺术构思等方面具体体现出这种配合与协调。如在对材料、工艺、技术等作出选择和确定时，必须体现配套、互补、协调的原则；在艺术构思时，必须体现书籍内容与形式的统一、使用价值和审美价值的统一、设计创意高度艺术化与书籍内容主题内涵高度抽象化的统一，等等。

（2）对书籍从内到外地进行整体设计：要求进行书籍设计时，其封面、护封、环衬、扉页、辑封、版式等都要进行整体考虑，不可分割。因为书籍设计艺术，不仅仅指封面的图案设计，而且包括内文的传达和表现，以期在阅读过程中产生感染力。这就要求设计者在对书稿内容加以理解分析后，提炼出需要用到设计上的文字、图形与符号，非常讲究地把书本的文字信息清晰、有层次而又富有节奏地表达出来。

（3）书籍的设计要结合内文：在2004年10月29日上海刘海粟展览馆展出的"世界最美的书"设计艺术展中，中国获得唯一金奖的《梅兰芳藏戏曲史料图画集》采取了中国传统的线装装订，与本书的内容非常符合，增强了内文的表现力。就图书装帧艺术来说，设计与图书内文恰当地结合才是关键所在。《梅兰芳藏戏曲史料图画集》正是在细节的较量中取胜的。

图2-8

图2-9

二、艺术性

书籍整体设计不仅要求充分体现艺术特点和独特创意，而且要求其具有一定的艺术风格。这种风格，既要体现图书内容的内在要求，也要体现图书的不同性质和种类的特点。

艺术性原则还要求图书整体设计能够体现出一定的时代特色和民族特色。图书整体设计的时代性标志，是指设计的创意和效果能充分反映出时代精神和时代气派；民族性标志，是指图书整体设计的创意既能充分反映一个民族、一个国家的深厚文化底蕴，富有自身文化品格，又能兼容并蓄外来文化的精髓。

三、实用性

书籍的诞生首先是出于传播文化的阅读需要，它是为了使用而产生的。书籍形态的发展变化过程，无论是中国古代从简册装到卷轴装、旋风装、经折装、蝴蝶装、包背装、线装，还是西方书籍从泥版书到莎草纸书、羊皮书、本型书，都是一个随着社会的发展越来越适应需要、越来越利于使用的过程。

书籍装帧的实用价值体现在：载录得体，翻阅方便，阅读流畅，有利于传播，易于收藏。书籍装帧设计的诞生与发展，永远是把实用性摆在第一位的。

实用性要求书籍整体设计时必须充分考虑不同层次读者使用不同类别图书的便利，充分考虑读者的审美需要，充分考虑审美效果对提高读者阅读兴趣的导向作用。实用性表现在书籍整体设计的每一个方面，如版面设计的实用性体现在如下几点：

（1）减轻读者的视力疲劳：人眼最大有效视角度左右为160度、上下为65度，最适合眼球肌肉移动的视角度左右为114度、上下为60度。所以，版式设计时，人的最佳视域应以100mm左右（相当于10.5磅字27个）为宜。有实验表明，行长超过120mm，阅读速度会降低5%。

（2）顺应读者心理：让读者在自然而然的视线的流动中，轻松、流畅、舒服地阅读图书的内容。

（3）引导读者阅读：如设计中对强调与放松、密集与疏朗、实在与空白、对比与协调及黑白灰、点线面的运用。

图2—10

四、经济性

书籍整体设计要求不仅必须充分考虑图书阅读和鉴赏的实际效果，而且必须兼顾两个方面效益的比差：一是所需资金投入与带来实际经济效益的比差，二是设计方案影响的图书定价与读者的承受心理和承受能力的比差。书籍整体设计既要遵循美术创作的一般规律，又必须凸现书籍装帧的特点、风格。它根据图书的性质和内容，通过艺术构思确立装帧艺术风格，并根据图书装帧的整体需要，体现护封、面封、书脊、底封、环衬、主书名页、插页、辑封等各部分之间的映衬关系；又按装帧艺术创作规律以形象、色彩、文字、纹饰等进行艺术形式的创造。

图2—11

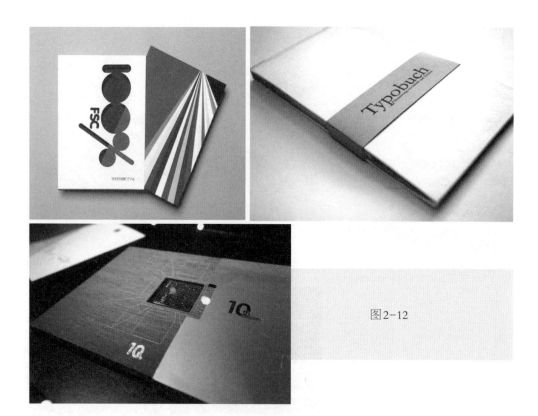

图2-12

第三节　书籍的装订样式

一、图书的装订样式

图书的装订样式是指用不同装帧材料和装订工艺制作的图书所呈现的外观形态。

1. 平装（简装）

整本书由软质纸封面、主书名页和书心构成，有时还有其他非必备部件，如环衬、插页等。

（1）普通平装：由不带勒口的软质封面、主书名页和书心构成。一般不用环衬，有的主书名页与正文一起印刷。

（2）勒口平装：由带勒口的软质纸封面、环衬、主书名页、插页（也有无插页的）和书心构成。多用于书页相对较多（有一定厚度）的中型开本的图书。

平装书的封面目前大多会做覆膜处理，即将透明有光或无光（亚光）的塑料薄膜，在一定温度、压力和黏合剂的作用下贴在封面纸上，使封面增加厚度、牢度和抗水性能。但为了环保，最好少用覆膜的办法，可选用特种纸做封面，或者用"过油"的办法代替之。

平装书一般采用的装订方法有骑马订、平订、锁线订、无线胶背订和锁线胶背订、塑料线烫订。

2. 精装

其最大特点在于封面的用料和印刷加工工艺与平装不同。一般由纸板及软质或织物制成的书壳、环衬、主书名页、插页和书心构成，因此比平装考究、精致。

（1）全纸面精装：由全纸面书壳、环衬、主书名页、插页（若有的话）和书心构成。保护书心作用较强，制作成本相对较低。

（2）纸面布脊精装：书脊使用的是布料或其他织物，面封和底封使用的是纸板和软质纸制作的书壳。构成与全纸面精装同，制作成本相对也不高。

（3）全面料精装：书壳的面封、书脊和底封都用布料或其他织物、皮料等面料和纸板制作成书壳。构成与全纸面精装同。在书壳外面包有护封，因其考究、精致的程度胜过前两种精装样式，制作成本相对较高，多用于相当考究、精致、发行量又较小的高档图书。

3. 线装

线装将均依中缝对折的若干书页和面封、底封叠合后，在右侧适当宽度用线穿订的装订样式。线装主要用于我国古籍类图书，也为其他图书装帧设计所借鉴。

4. 散页装

图书的书页以单页状态装在专用纸袋或纸盒内，是一种卡片式或挂图式图书，多具欣赏或示意功能。教育类、艺术类图书多见。

5. 软精装

平装样式吸收了精装封面比较硬的特点而形成的软精装，又称"半精装"。它是在带勒口的面封和底封内各衬垫一张一定厚度的卡纸，从而使封面的硬质、挺括程度超过一般平装图书。

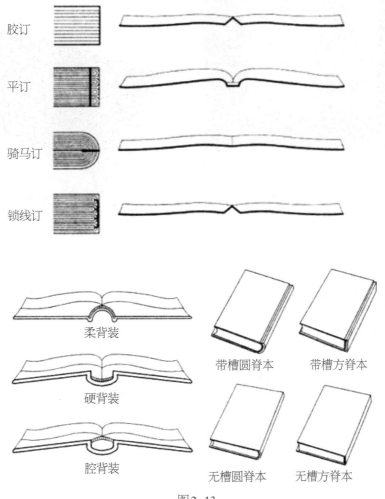

图2-13

图2-14

二、图书装订样式的选择

图书装订样式的选择，应考虑图书性质类别、篇幅、用途、读者对象及可提供的材料、工艺等因素。

精装：较大篇幅的经典著作、学术性著作、中高档画册等，多采用考究程度不等的精装样式。

平装：较小篇幅的通俗读物、少儿读物、教科书、生活类用书等，多采用结构相对简约的平装样式。

软精装：比较讲究的图书，但成本又不能太高，可以考虑。

线装：考究的古籍图书仍采用线装的样式。

散页装：教育类挂图和美术小品集，多采用散页装的样式。

图2-15

第四节 书籍的结构部件

一、环衬

设置在封面与书心之间的衬纸，叫环衬，也叫蝴蝶页。环衬是把封面与书心、主书名页联结起来的图书结构部件，可增加图书的牢固性，也起装饰作用。一般有前后环衬（即双环衬，单环衬较少见）。一般用纸比封面稍薄、比书心稍厚。

二、附书名页

附书名页位于主书名页后，通常在双码面印刷相应文字，与主书名页正面相对应；必要时也可以使用其正面或增加其页数。附书名页应列载：多卷书的总书名、主编或主要作者名；丛书名、丛书主编名；翻译书的原著书名、作者名、出版者名的原文、出版年份及原版次；多语种书的第二种语言之书名、作者名、出版者名；多作者图书的全部作者名。

三、插页

插页是印有与图书内容相关的图片、图像的书页，有集合型插页和分散型插页两类。

四、护封（包封）

护封是包在精装图书硬质封面外的包纸。其高度与书相等，长度较长，前后勒口勒住面封与底封，

五、函套

（1）书函：书函是我国传统书籍护装物，有四合套和六合套两种。

（2）书套：各种装载图书的盒、匣等外包装物。

六、其他部件

（1）辑封（篇章页）：图书正文页内标明"篇""辑"名称的书页。

（2）腰封（书腰纸）：即包勒在封面腰部的有一定宽度的一条纸带，纸带上可印与该图书相关的宣传、推介性图文。

（3）书签带：一端粘连在书心的天头脊上，另一端不加固定，起书签作用。

（4）藏书票：专门夹在某些图书中的美术作品小型张，其作用是纪念某一图书出版发行，也可供爱好者收藏。

图2-16

一、对称与均衡

对称是同等同量同形的平衡，均衡是变化的平衡。前者的特点是稳定、整齐、庄严，但是比较单调、呆板。均衡是不对称的平衡，可补对称之不足，既不破坏平衡，又在同形不等量或等量不同形的状态中使平衡有所变化，从而达到一种静中有动、动中有静的条理美和动态美。

两个同一形的并列与均齐，就是最简单的对称形式。对称的形式有以中轴线为轴心的左右对称；有以水平线为基准的上下对称；还有以对称点为源的放射对称、以对称面出发的反转对称。其特点是稳定、庄严、整齐、秩序、安宁、沉静。均衡是一种有变化的平衡。它运用等量不等形的方式来表现矛盾的统一性，揭示内在的、含蓄的秩序和平衡。均衡的形式富于变化、趣味，具有灵巧、生动、活泼、轻快等特点。

图2-17

二、比例与尺度

比例在设计中是指整体与局部、局部与局部及整体与其他整体的大小、长短、宽窄、轻重和数量关系。成功的版面构成，首先取决于良好的比例。比例常常表现出一定的数列：等差数列、等比数列、黄金分割率等。合适的比例必须符合设计对象和主体的要求及人们的阅读习惯。

尺度与比例是形影相随的，没有尺度就无法具体判断比例。和谐、完美的设计效果依赖于合适的比例和尺度。

图2-18

三、对比与调和

对比强调差异性，着意让对立的要素互相比较，产生大小、明暗、黑白、轻重、虚实等明显反差。调和是使两种或两种以上的要素具有共性、相辅相成，即形成差异面和对立面的统一。现代设计的形式处理包括图形、形体、空间的对比，质地、肌理的对比，色彩对比，方向对比，表现手法对比，虚实对比等。局部的对比必须符合整体协调一致的原则。对比与调和规律的运用可以创造不同的视觉效果和设计风格。

四、节奏与韵律

所谓节奏是指变化起伏合乎一定的规律。没有变化也就无所谓节奏，节奏是韵律的支点，是韵律设计的基本因素。"韵"是变化，"律"是节律，即有节奏的变化构成了韵律。

节奏是按照一种条理和秩序作重复、连续排列而形成的一种律动形式。在设计中，有规律的重复和对比因素的存在是节奏产生的基本条件。如文字既有等距的连续，也有渐变、大小、长短、高低等不同的排列。韵律可看成节奏的较高形态，是不同节奏的美妙而复杂的结合。

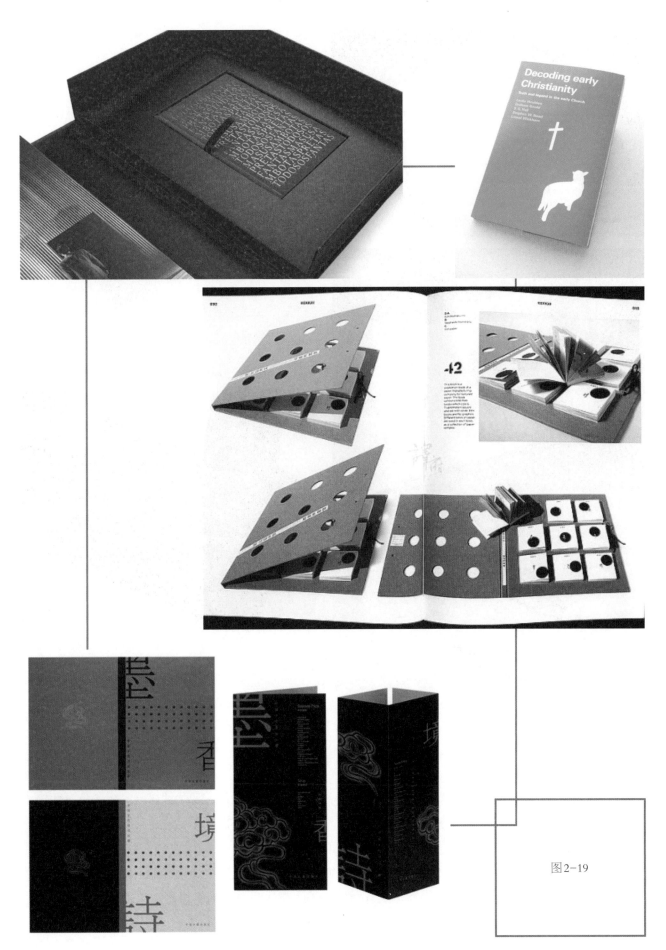

图2-19

图2-20

五、变化与统一

变化而又统一是形式美的总法则，是对立统一规律在设计上的运用。变化和统一的结合是设计构成中最根本的要求。变化是一种智慧，是想象力的表现，可造成视觉上的跳跃。它包含了本来具有的全面、多样的内容要素和自身矛盾的特殊性，但它必须统一在一个有机的整体之中。图书设计的整体性观念是以哲学、美学上的整体性思想为基础的。设计的整体观念要求版面内诸构成要素相互依存、彼此联系、紧密结合，具有不可分离的统一性。只有树立设计的整体观念，才能覆盖和包容一切形式美的法则：整体美、和谐美、均衡美、对比美、节奏美，等等。

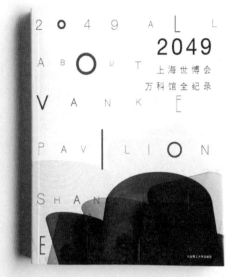

图2-21

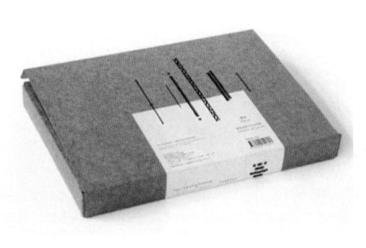

图2-22

第三章　书籍的视觉语言

第一节　插图

一、插图的概念

插图设计是活跃书籍内容的一个重要因素。有了它，读者更能发挥想象力和对内容的理解力，并获得一种艺术的享受。少儿读物更是如此，因为少儿的大脑发育不够健全，对事物缺少理性认识，只有较多的插图设计才能帮助他们理解，才会激起他们阅读的兴趣。

现代书籍装帧设计旨在营造一个形神兼备、表情丰富的生命体，而这仅靠文字的变化是永远达不到的。插图是书籍装帧设计中独创性较强、艺术性较浓的一项，有着文字不具备的特殊的表现力。从书籍发展的历史来看，插图并不仅是从属于书籍的。随着科技的提高，材料和表现手法、技法的不断丰富，现代书籍插图设计呈现出一种多元化的趋势，丰富着人们的文化生活。

图3-1

信息化、数字化的今天，唱片、光盘等高科技产品冲击着人们的视野。书籍作为传达信息、获取知识的重要传统媒体之一，面临着巨大挑战。但同时，它凭着独特的包装和浓厚的书卷气质仍倍受人们喜爱，占据着其他传播手段不可替代的位置。正因此，近些年来人们对它的要求也愈来愈高。图形设计的好坏是一件设计作品的关键所在。因此，不论我们从事何种专业设计，都必须对图形有深刻的学习和研究，了解图形的起源、发展及文化内涵，了解图形的特色和规律性，这对我们今后的图形设计及创意有很大的帮助。

插图在我国历史悠久。正所谓"凡有书，必有图"，早在唐代，我国的《金刚经》的卷首就出现了木版插图。但这种图不同于纯粹的绘画，它扮演的一个重要的身份是对图书文字内容做清晰的视觉说明，用来增强文字的感染力和书籍版式的生动性，扩大读者的想象空间，是一种"有意味的图画"。

加拿大著名作家阿尔维托·曼古埃尔曾说："如果我读的是不曾学过的文字，比如希腊文、俄文、克里语、梵文，自然看不懂书中内容；但是如果这本书中有插图，虽然读不懂文字，我通常还是可以找出意义，当然我的解读未必是文中说明的意思。"由此可见，插图这种"视觉形象"是对文字语言理解的有益补充，赋予了书籍内容传达的视觉节奏，强化了读者的文字思维意象，是对其视觉和阅读的引导，最终带给读者以愉悦的阅读体验。正如鲁迅先生所说："书籍的插图，原意是在装饰书籍，增加读者的兴趣，但那力量，能补助文学之所不及。"

图3-2

随着时代的发展和中外文化交流的不断深入，我国当代插图艺术的发展也可谓是形式多元、风格各异，各种新元素的植入使得插图面临前所未有的境遇。一方面，电子技术的发展带来网络和图像时代，书籍的形态也发生了根本的变化，从书籍的外在形式到内在构成、从文字描写到图像转述都有了全新的演绎，作为书籍附属物的插图自然也不例外，插图的视觉语言和表现手段在这里变得多样化与个性化。另一方面，面对电子技术的不断发展和数字时代的来临，数字绘画插图的视觉传达形式被越来越多的人所接受和喜爱，传统插图的表现力和视觉效果都无法与之相比，甚至有些书籍的插图直接被数码照片所取代，插图的门类开始变得异彩纷呈。但无论如何，插图都以它直观、具体的视觉形式和图像的心理刺激作用进入读者的心灵而不可替代，具有广泛的生存空间。

在当今所谓"读图时代"、"眼球经济"的时代，社会的商品化、信息化使人们的阅读方式和阅读心理发生了嬗变，对书籍阅读更强调视觉的直接感受，从而追求快速获取图书的信息与表象意义，插图的图像意义似乎更直接地符合了这种心理需求。这无疑影响了我国当代书籍装帧设计的插图设计，插图作者开始关注直觉、感性，出现了如美国文化学者丹尼尔·贝尔所说的"当代倾向"的性质，他们"渴望行动，追求新奇，贪图轰动"。这种个性的极度追求导致了书籍设计中最重要的人文关怀和人本思想的缺失，无论是传统手绘插图还是数码插图都与读者的情感交流渐行渐远，变成了一个纯粹意义上的视觉形式，缺乏"意味"。

图3-3

书籍中的插图属于静态的插画。随着时代的发展，它与商业利益紧密结合在一起，内容上已不仅仅表现书籍的内容，已经属于整个书籍装帧设计中的一个不可或缺的有机部分，有时或许只是为了书籍设计的形式美感需要而插入的一个视觉符号，利用这些图像的结构、形状及象征意义帮助读者实现对书籍的整体审美判断，最终去购买书籍。在此情况下，一方面，当代书籍的插图艺术拓展了读者的视野，激发了读者的想象，增加了书籍本身的魅力；另一方面，信息的视觉化倾向使插图渐渐忽略了其本身应有的文化内涵和表现"意味"，插图与读者沟通的语言特点被大大削弱了，其艺术感染力也丧失了。

插图从绘画中来，即使是数码插图，也要保持插图的本来风貌，使读者能够更好地理解书籍中的文字内容，从而解读文字传达的意义，使读者对文字所传达的内在寓意产生情感共鸣，在图像中找到文字内容的情感寄托和心理映照。

对于书籍中的插图，作者要把它不仅仅看作是一种纯粹的视觉形式和信息传播载体，更要对书籍设计的整体效果和文字内涵进行深刻理解。用于设计效果的纯艺术插图和表达文字内涵的说明性插图，都要充分表现创作者的审美情感和文学体验。丰子恺先生在为《阿Q正传》所作的插画中，对文字内容中塑造的文学形象阿Q的刻画可谓是"入木三分"，这充分体现了作者对《阿Q正传》内涵的深刻理解。在这里，插图不仅是文学作品的补充，而且为人们塑造了一个经典的艺术形象。

　　插图艺术在我国当代书籍装帧设计中仍然扮演着重要的角色，并且以其独特的图像语言特征和表现形式成为书籍设计表现的主体。我国是一个历史悠久的国家，在书籍插图设计的漫长发展过程中，形成了独特的民族特色，如崇尚礼仪、语言含蓄等。因此，我们在进行书籍插图设计的过程中，为了使书籍所传达的思想与读者情感进行有效的沟通，不能一味追求新奇的视觉效果和先进的技术特征，而要从书籍设计创意的整体性出发，把民族精神和个人风格有机融合，广泛吸收有利于表达的各种表现方法和形式，摒弃功利性，表达原著的人文内涵，真正设计出艺术性和人文性相统一的插图艺术。只有这样，我国当代书籍设计中的插图艺术在新情境下才能透过复杂的插图现状，把握未来的图像表达形式，挖掘出具有民族特色的艺术创意，使我国插图艺术保持顽强旺盛的生命力。

图3-4

二、插图设计的分类

1. 超写实表现形式

超写实表现形式由于其独特的表现优势目前在国外被运用得十分广泛。它采用喷笔加毛笔的表现形式，将表现对象的重点部位或局部加以放大描绘，可以达成相当细致入微的真实视觉效果，比照相机拍摄的图像更入木三分，具有强烈的视觉感染力，为视觉传达开拓了一个崭新的空间。比如日本插画设计以写实的形式表象出来街头的艺术。

超写实一个最具特色的优势在于表现穿透的空间效果，即表现被外观遮蔽的内部空间结构，这个功能是照相机绝对没有的，但却是某些设计意念想表达的。如对刚进展厅的新款轿车介绍，除了介绍具有时尚潮流的造型外观外，也想介绍内部某些先进的设备装置或舒适的空间，以引起人们的好奇与兴趣。

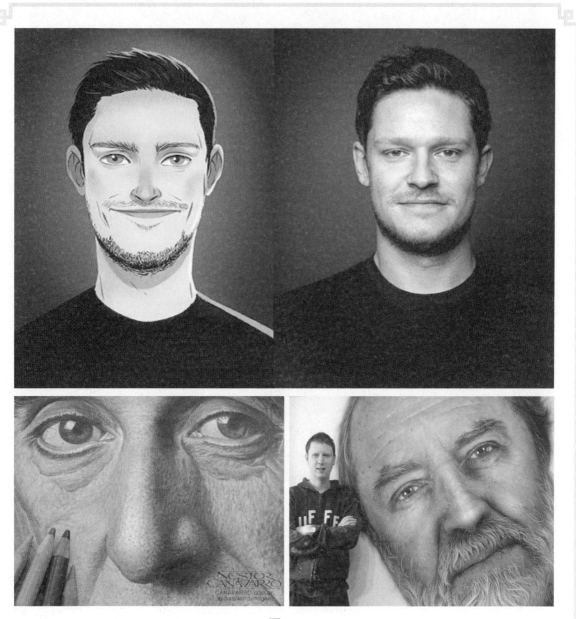

图 3-5

2. 绘画表现形式

运用绘画的艺术形式将插图设计主题的传达予以视觉化造型，是一种直观形象的视觉语言，具有自由表现的个性，有很大创意余地，利于设计主题创造一种理想的意境与气氛，表达不同的审美情境。在画面设计构成的诸多要素中，一幅优秀的绘画插图是形成设计性格和吸引视觉的要素，具有良好的视觉吸引力，能简洁明确地传达设计的思想理念，有良好的看读效果，能产生强而有力的引导作用，使受众一目了然地把握设计作品的诉求重心。

图3-6

3. 幽默调侃表现形式

幽默是艺术中笑的酵母，将设计主题的表达寓于诙谐戏谑之中，以夸张的神情与动作使客观事物真、善、美的本质得到强调和渲染，寓庄于谐、寓涩于笑。幽默调侃表现形式运用"理性的倒错"等特殊手法，通过对美的肯定和对丑的嘲弄，创造出一种充满情趣又耐人寻味的幽默意境，从而令人有会心

3

第三章　书籍的视觉语言

一笑的特殊审美效果。

　　幽默性的插图形象易于引起人们的注意，以生动的情趣、新奇的角度、独到的理解，完全突破了一般插画司空见惯、枯燥无味的程式化表现，激发人们的关注兴趣。和其他设计的幽默性形象一样，幽默性的插图从来没有像今天这样受到人们的喜爱与推崇，其新的价值就在于它已成为赢得观众的最佳手段和最有效的"软性"策略。

图3-7

4. 抽象表现形式

抽象是与"生动的直观的"具象相对的概念，指在比较、分析的基础上，从事物的众多属性中撇开非本质的属性，抽出本质的属性。抽象表现形式不是对自然的模仿，而是通过形、色、线的选择，加以排列组合以表达设计师的纯粹精神与感情，这是一种纯灵性，纯精神的艺术形式语言，力图用点、线、面、色彩等造型元素的"纯形式"构成。这种抽象形象不能简单地认为是内容与形式分离而成的"纯形式"的游戏，只不过是插图作品中再现性因素被淡化、被隐形，内容中的表现性因素消融于形式的组合里，内容变得游离朦胧，难以捉摸，似有非无，只可意会不可言传，带有某种神秘性的"有意味"的设计。这种抽象性表现形式为设计师们提供了广阔的空间。用具象的形象来描述某些思想，概念会使设计师的思维凝固；而抽象的形式却使设计师获得了自由，能够表述思想意识中的概念及朦胧的情绪，让想象力充分发挥，获得预期的传达效果。换句话说，当要表达较为抽象的意念时，唯抽象性的形式语言可以胜任其职，把抽象的意念表达得恰到好处。例如，某些社会问题以及公共关系等无形的诉求内容，就可以使用抽象表现形式。抽象的形象，可以是有意味的几何图形，也可以是臆造的形象。总之，它把概念视觉化，并转化为图形。

图3-8

5. 摄影表现形式

传统摄影形式是指摄影师借助照相机逼真再现某一视点上观察到的客观现实的图像，是一种纪实形式。其具有真实准确地记录物象的能力，能够完美如实地通过摄影镜头来表现物象的真实性，有效地展示被摄对象强烈的诱惑力，是写实的最佳手法之一。它方便快捷，效果逼真，令观众相信它的真实性。当今的摄影技术非常先进，影像越来越清晰，色彩还原度越来越好。不管是对微观、宏观领域的事物，还是对一瞬间的突发事件，它都能给予忠实的记录。如子弹穿苹果的一刹那、灯泡爆炸的一瞬间等。加上各种各样暗房处理技术的不断发展，画面效果更加丰富多样。所以传统摄影形式仍然充当着插图设计的生力军。

数字艺术是当代信息科学与艺术相互渗透而形式的前沿科学。它是计算机技术对人类生活的介入和

图3-9

影响，促使人们的审美意识发生革命性变化后而产生的一种新艺术语言。

　　6. **数字插图表现形式**

　　随着数字科技的高速发展，数字插图越来越普遍。数字插图就是利用计算机制作而成的，用于商业或其他领域的图像。数字插图与传统插图有根本的不同，有着传统插图所不具备的优势。利用计算机制作的插图可以摆脱制作传统插图烦琐的手工操作过程及技术上的难度，对不同来源的图像可以进行任意修改，如直接剪贴、透明交叠、物体表面肌理的替换、画面调整、绽放、透视纠正、三维空间表现、明暗处理、影像变形、色彩控制等，可轻而易举地制造出各种特殊的效果。设计时可以进行超强的想象从而实现创意构想的追求，降低了创作的难度和成本，极大地提高了工作效率，因而数字插图被广泛地运用于视觉传达设计的各种领域之中。

第二节 文字

一、文字的概念

文字既是语言信息的载体，又是具有视觉识别特征的符号系统；既表达概念，又通过诉之于视觉的方式传递情感。文字版式设计是现代书籍装帧不可分割的一部分，对书籍版式的视觉传达效果有着直接影响。

书籍装帧中文字版式设计的主要功能是在读者与书籍之间构建信息传达的视觉桥梁，然而，在当今书籍装帧的某些设计作品中，文字的版式设计没有得到应有的重视。作品中忽视文字元素的设计，字形本身不具美感，同时文字编排紊乱，缺乏正确的视觉顺序，使书籍难以产生良好的视觉传达效果，也不利于读者对书籍进行有效的阅读。

书籍离不开文字，而字体、字形、笔画、间距等为文字的基本元素。我国目前书籍装帧设计中的文字主要归纳为两大类：一类是中文，另一类是外文（主要指英文）。这里谈到的文字版式设计，主要研究以中文字为主体的设计。文字要素的协调组合可以有效地向读者传达书籍的各种信息。而如果文字字体之间缺乏协调性，则在某种程度上产生视觉的混乱与无序感，从而使读者形成阅读的障碍。如何取得文字设计要素的和谐统一呢？关键在于要寻找出不同字体之间的内在联系。在对立的元素中利用元素之间的内在联系予以组合，形成整体的协调与局部的对比，统一中蕴含变化。

在书籍装帧中，字体首先作为造型元素出现，在运用中不同字体造型具有不同的独立品格，给予人不同的视觉感受和比较直接的视觉诉求力。举例来说，常用字体黑体笔画粗直笔挺，整体呈现方形形态，给观者稳重、醒目、静止的视觉感受，很多类似字体也是在黑体基础上进行的创作变形。在我国，印刷字体由原始的宋体、黑体按设计的需要演变出了多种美术化的变体，派生出多种新的形态。而儿童类读物具有知识性、趣味性的特点，此类书籍设计表现形式追求生动、活泼，采用变化形式多样而富有趣味的字体。

图3-10

图 3-11

二、文字与版式设计

　　书籍装帧中的文字有三重意义，一个是书写在表面的文字形态，一个是语言学意义上的文字，还有一个就是激发人们艺术想象力的文字，而对于设计师来说，第三重意义是最重要的。我们发掘不同字体之间的内在联系，可以以画面中使用的不同字体为基点，从字体的形态结构、字号大小、色彩层次、空间关系等方面入手。文字个体形态设计中，所谓的"形"指字体所呈现出来的外形与结构。为使文字的版式设计与书籍风格特征保持统一，选择何种字体以及哪几种字体，要多作比较与尝试，运用精心处理的文字字体，可以制作出富有较强表现力的版面。创造就是集中、挖掘、摩擦，然后脱离。

　　文字的版式设计更多注重的是文字的传达性，除我们所关注的文字本身的一种寓意外，其本身的结构特征可成为版式设计的素材，因而要特别关注文字的大小、曲直、粗细、笔画的组合关系，认真推敲它的字形结构，寻找字

图 3-12

图3-13

我们可以拿版式中出现的黑体和宋黑体进行分析：黑体属于无衬线体的一种，其字形略同于宋体，但是笔画粗细比较均匀且没有宋体的装饰性笔形，因此显得庄重而醒目。黑体又划分出粗黑、大黑及细黑体等多种字体，它们之间存在着相似的元素，多适用于书籍中的标题和强调性文字与图版的说明。而宋黑体是宋体的衍生造型，兼有黑体的稳重和宋体的纤细典雅，较为典型地呈现出两者在造型上的内在联系。从画面的层次上来看，黑体膨胀感较强，在设计中我们可视之为画面中的"面"，而宋黑体作为"点"出现，对其采用群组编排手法时也可避免版面字体元素较多而造成的凌乱现象，与作为标题的黑体产生呼应。

体间的内在联系。

图3-14

文字版式设计应具有一个总的设计基调，除了我们对文字特性进行统一外，也可以从空间关系上达到统一基调的效果，即注意字体组合产生的黑、白、灰及明度上的版面视觉空间。它是视觉上的拓展，而不仅仅是视觉刺激的变化。

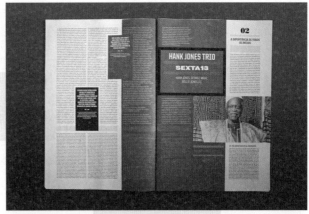

三、版式设计的字体空间运用

空间给字体视觉元素界定了范围和尺度。视觉元素如何在一定的空间范围里显示最恰当的视觉张力及良好的视觉效果，与空间关系上对不同字体负形空间的运用有直接关系。版面中除了字体这些实体造型元素，编排后剩余的空间即为负形，包括字间距及其周围空白版面，也会影响文字版式设计的视觉效果。负形与字体实形相互依存，使实形在视觉上产生动态，获得张力；有效运用负形空间的特点，可以协调书籍的文字版式编排。在安排文字的位置、结构变化与字体组合

图3-15

时，应充分考虑负形的位置与大小，如方形字体空间占有率相对较大，比较适合横向编排，长字体适合作竖向的编排。同时字体本身笔画的不同、结构的不同、方向的不同也会制造出多样的视觉效果。

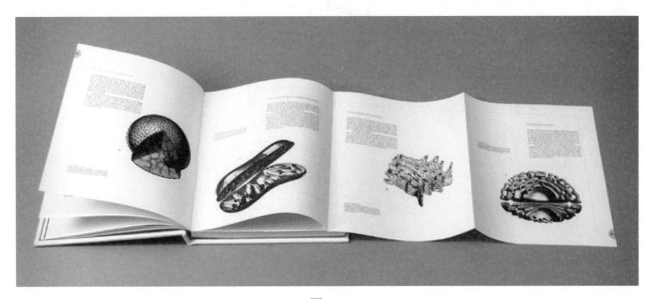

图3-16

图3-17

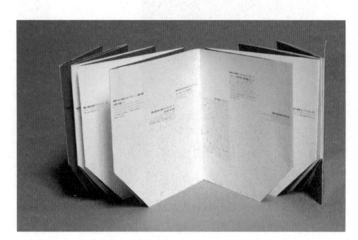

图3-18

在我们的视觉空间中，大小不等、多样的字体看似复杂，其实有章可循，其负形留白的感觉是一种轻松、巧妙的留白。讲究空白之美，是为了更好地衬托主题，集中视线和拓展版面的视觉空间层次。设计者在处理版面时，利用各种方式手段引导读者的视线，并给读者恰当留出视觉休息和自由想象的空间，使其在视觉上张弛有度。字体笔画之间巧妙地留有空白，有利于更加有效地烘托画面的主题、集中读者视线，使版面布局清晰、疏密有致。

图3-19

四、文字版式设计与设计师创新思维

设计构思与灵感是设计者思维水准的体现，也是评价一件装帧设计作品的重要标准之一。随着时代的发展，现代书籍装帧设计已呈现图文互动的趋势，先进的印刷技术增加了版面文字设计的可能性，文字的设计呈现出多元化、艺术化的趋势。这就对设计者提出了更高的要求，即在立足书籍的内容特性、品质定位、满足读者的视觉需求等前提下，重在打破传统思维设计的束缚。

设计师头脑中记忆贮存的知识是产生灵感的基础。创意重在"表达"二字，书籍设计要让人理解设计师所传达的"信息"，与设计师的创意息息相关。同时，伴随着计算机在设计领域中的广泛运用，设计师的作品可通过计算机表达多种感觉形式，可以使设计师在很短的时间内处理大量的文字图形信息，有时会出现意想不到的效果，进而不断地激发设计师的创作灵感，使其拓展思路，开辟版式设计的新领域。

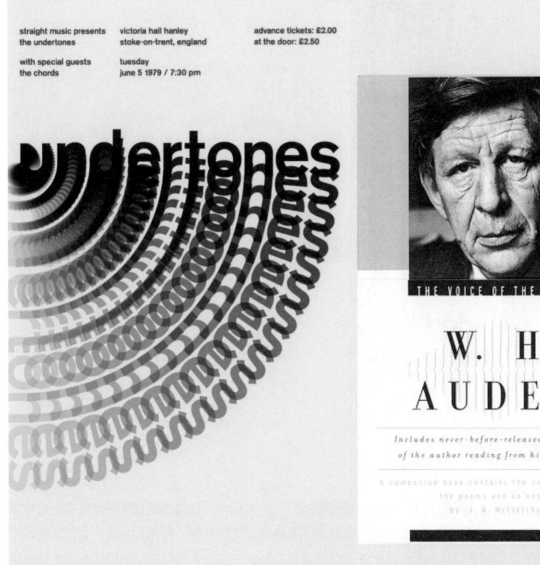

图3-20

图3-21

第三节　色彩

　　现代社会人们生活水平不断提高，文化消费已经成为一种时尚，人们越来越钟情于印刷读物所带来安逸宁静的精神享受。随着人们文化素质的大幅提升，书籍已经突破了单一的阅读功能，其艺术特性也日益显现，而书籍的装帧设计也逐渐呈现出多元化发展的趋势。人们由于对书籍装帧设计的审美要求越来越高，对书籍装帧的设计师也就提出了更高的要求。

图3-22

曾在德国包豪斯学院任教的瑞士画家伊顿说："色彩就是力量。"不管是何种艺术设计都非常重视色彩的表现力，书籍装帧设计也不例外。书籍在书店的展示方法一般分为立插与平放两种。在现今图书种类繁多的情况下，吸引读者视线的最有力的办法就是注重书脊或封面的颜色运用。因此，如何运用色彩，以求得最具吸引力的书籍装帧设计效果，是书籍装帧设计者要达到的重要目标。

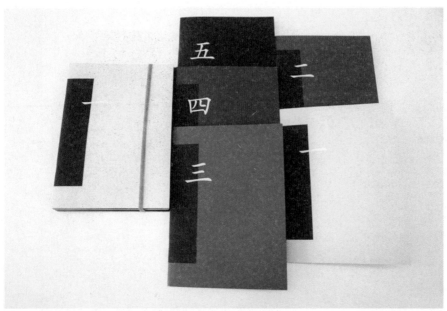

图 3-23

图 3-24

一般来说，各种不同类型的图书，都有自己约定俗成的色彩运用规律，由书的内容与阅读对象的性别、年龄、文化层次等特征来决定封面的颜色。文艺类书籍的色彩要体现出丰富的内涵，要有深度，切忌轻浮、媚俗（其中女性读物的色调可以根据女性的特征，选择温柔、妩媚、典雅的色彩系列，如粉色系）；科普类书籍的色调要强调科技感、神秘感，如蓝色、绿色；专业性学术类书籍的色彩要端庄、严肃、高雅，体现权威感，不宜强调高纯度的色相对比，如红色、黑色等；时尚类书籍的色彩则要新潮，

图3-25

富有个性，如黄色、橙色等。另外，不同年龄的读者对色彩也有特定的需求：儿童读物的色彩，就要针对孩子单纯、天真、可爱的特点，运用纯度较高的颜色，色调往往处理成高调，色彩鲜丽，强调儿童活泼的感觉；反之，沉着、和谐的色彩则适用于中老年读物；介于艳色和灰色之间的色彩宜用于青年人的读物；等等。还有，不同文化层次的读者对颜色的喜好也不尽相同。因此，对于书籍装帧设计者来说，阅读一些色彩心理学的图书是非常必要的。

一、色彩的对比

在色彩运用时，要注意色彩的对比关系，包括色相、纯度、明度对比。封面上没有明度深浅对比，就会感到沉闷而透不过气；封面没有纯度鲜艳度对比，就会感到古旧和平俗。对比是运用色彩时的重要手段之一。对比，可以使某一种色彩更加明朗化，从而加强它对于视觉的作用力。色彩具有多种不同的对比属性：比如白纸上画白色，会什么也看不到，而白色放在黑色上就比放在红色上显得更白，这是明度对比；黄色放在紫色上就要比放在绿色上更为鲜明，这是色相对比；灰色底色上放红色要比放粉色更为醒目，这是纯度对比。两个在色相、明度和纯度上相近的颜色放在一起就是"弱对比"，相反则为"强对比"。同时有两种色彩互相影响，因颜色的差异而使明度稍微提高或降低、彩度加强或减弱，这是"同时对比"。

可见，所谓"亮"一点，实际上应该是色彩运用时，在纯度、明度、冷暖上更对比一点。凡是有色相差、大小差、分量差、形体差的色彩之间，都可以构成对比关系。比如吕敬人的《绘图金莲传》，运用了中国传统的色彩，大面积的红为底色，小面积的蓝衬托书名，红蓝对比，形成了一种鲜明、韵味十足的色彩效果。

图3-26

二、色彩的和谐

除了色彩的对比，还要注意色彩的和谐。中国人普遍喜好素雅的颜色，但素雅并不是颜色单一，而应该是颜色和谐。在书籍装帧设计时少用色彩种类或用色相、明度、纯度都比较接近的色彩搭配，可以比较容易地获得简洁、单纯、淡雅的色彩效果，能够使作品具有较高的品位，比较适合用于文学类书籍。色相相对，明度、纯度接近的强对比颜色，同时加白或同时加黑，将这种颜色用于封面设计，可以

图3-27

图3-28

产生一种稳重、深沉、淡雅或柔和的色彩效果，适合用于一些具有纪念性意义的书籍。互相对比而不协调的颜色，通过加入黑、白、灰、金、银这些被划归"无彩色系"色彩，也都可以实现颜色的和谐。

　　在书籍种类极其繁多的图书卖场，拥挤不堪的布置，五颜六色的封面，不但不能使读者获得宽松、舒展的轻松感，反而会使读者在心理上产生一种透不过气来的压抑感。以白色为主色调的书籍封面可以产生和谐轻松的感觉效果，与过多地使用各种色彩相比，反而更具和谐性，更能吸引读者的注意。

　　很多图书色彩上没有主次关系，一片灰暗。因此，我们说，和谐实际上也要有对比，只不过是较弱的对比。这样封面上才能有突出点，有层次感。

图3-29

图3-30

三、色彩的审美表现

1. 时代性

书籍装帧设计带有鲜明的时代性，其色彩的运用也带有一定的时代特征。色彩是通过视觉来刺激人们的大脑，使之产生情绪波动。现代的书籍已经从单纯的文字形式转化为图文并茂的形式。数码技术的广泛应用，使书籍装帧设计手法更加丰富，书籍装帧设计中对于色彩的创意与审美也更加注重。书籍装帧设计的时代特征是与人们不断发展的审美需求相适应的。可以说审美是一个动态的发展过程，在书籍装帧设计方面，设计师能够主动去适应这种审美的变化，并积极地去捕捉这种时代的新鲜气息，从而在设计过程中把握和体现出当代人的审美标准。

图3-31

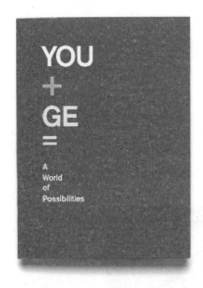
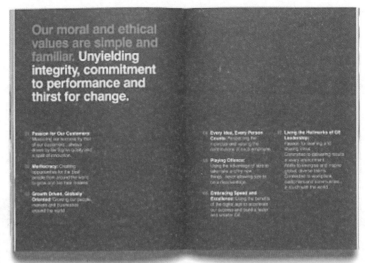

图3-32

2. 象征性

色彩可以说是书籍装帧设计中的重要表象语言，不同的色彩具有不同的象征性意义。色彩本身所呈现出的明度、纯度以及色相等的不同会给人带来不同的心理感受。书籍装帧设计中对色彩的巧妙运用，能够表达出不同的主题与内涵，色彩的鲜明特征是书籍装帧设计者所不能忽视的重要元素。设计师会根据书籍的内容来对色彩进行准确的把握和运用。另外，色彩的运用还需要考虑到印刷的工艺、油墨、纸张的性质等因素。同样的色彩在不同的材料上会产生不同的效果。设计者在色彩选用时，应该结合时代特征及书籍的主题与内容，从而传达出书籍所要表达的主题思想。

图3-33

3. 审美内涵

书籍不仅是一种文化信息的传递，也是一种艺术气息的传承。从古至今我国的书籍艺术源远流长，具有深厚的文化底蕴，书籍在经过简策、卷轴、经折、旋风装等流变后，发展到现代图文并茂的形式。我国传统的书籍设计已经具有极为精致的审美品质，无论是在色彩运用上，还是在形式表述上，都带有我国传统文化那种渊博、儒雅、隽永之气。古代书籍装帧的艺术遗产无疑是现代书籍装帧设计者们最大的财富。现代设计师们应该认真体会古代书籍装帧设计的深厚内涵，取其精华，运用到当今的书籍装帧设计当中，从而使读者在品味书籍带来的知识的同时，也能品味到书籍装帧所带来的深远文化内涵。

图3-34

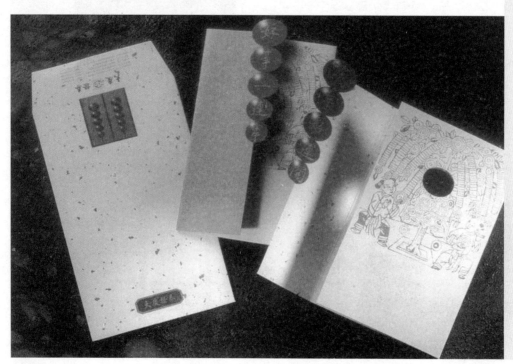

四、书籍设计中的色彩运用

1. 了解色彩所代表的个性情感

　　色彩就好像人的性格，具有自身特定的情感特征。对每种色彩所代表的情感特征进行充分了解，是
对其进行合理运用的前提条件。比如红色在我国的传统文化中，代表着吉祥、喜庆、热情，具有强烈的
注目性和极高的视觉冲击力，可以快速刺激读者的感官体验；黄色具有鲜亮的特征，代表着活力、朝
气、权威与辉煌，具有积极的情绪触动能力；蓝色可以说是相对温和的色彩，看到了蓝色，会让人联想
到大海与蓝天，代表着自信、和谐与永恒，但有时也会让人产生忧郁的小情绪；绿色是大自然生机勃勃
的象征，是生命的执着代表，看到了绿色就看到了希望。总之，每一种颜色都有其自身的语言特征，都
代表着一种思绪。设计师在运用色彩时，首先要考虑到色彩语言与书籍主题的适应性、与书籍内容的搭
配度。在对色彩的情感指向有了明确的认识后，才能设计出令书籍品位提升、令读者印象深刻的书籍装
帧设计作品来。

图3-35

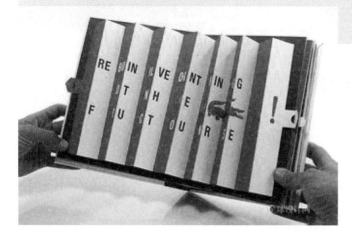

图 3-36

2. 根据书籍和受众选择合适的色彩

每本书都需要具有独特的装帧特点及风格，对色彩的运用也要讲求个性鲜明。文学书籍是文化的代名词，具有较强的情节性、抒情性和感性。书籍装帧的色彩运用就如同一首乐曲的前奏，或激昂，或哀伤，或柔情，或愉悦，是引领读者快速进入书籍意境的重要手段，读者通过书籍装帧色彩所阐述出的情绪特点，快速感受书籍内容所带来的情感体验。在不同种类的书籍当中，诗集、散文属于情感浓缩型的文字，内容讲求一种含蓄美及优雅美，对于这类书籍的装帧设计，通常会根据色彩的情感特征，结合书籍所要表述的某种情感，运用相对柔和的色调，给读者创造出更多的想象空间，从而引起读者的情感共鸣；对于小说等叙事类的书籍，应该结合书籍主题及受众群体，尽量考虑符合受众特征的色彩；对于论述、评论或商业性较强的书籍，应该带有一定的刚性色彩，书籍装帧设计应该选择大气、简洁的色彩构成体系；对于艺术类书籍，其色彩的设计应该注重对艺术门类的突出，让读者直观地感受到书籍所要表述的内涵；对于儿童读物，要考虑到儿童的心理特征，装帧的色彩选择要带有一定的童幻特点，色彩应该尽量鲜亮、明快。总之，色彩的运用应该根据书籍内容及受群的特征进行充分考虑，这才是一位合格设计师所应该具备的根本素质。

图 3-37

图 3-38

3. 把握好色彩运用的度

在书籍装帧设计过程中，对色彩的运用一定要掌握好度。色彩缤纷是一种美，简约也是一种美。只要在设计时能够全面考虑到书籍内涵、书籍主题、受众特征等元素，有时候运用较少的色彩反而能够产生更好的效果。另外，在色彩运用方面，既可以按照常规来设计，也可以打破常规，运用创造性的思维，使书籍的装帧设计产生与众不同的效果。设计者们不应该因为大众化的认知，而扼杀了自身个性的发挥，应该在不违背原则的基础上，尽量展现出对色彩的个性运用。

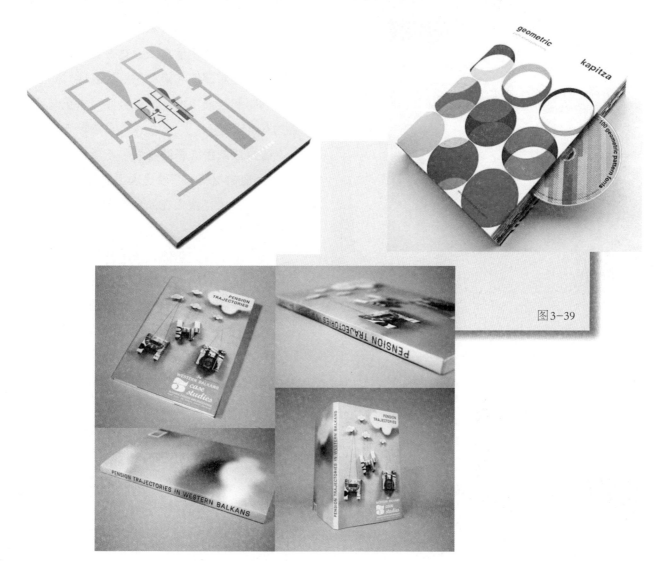

图 3-39

第四节　材料

　　书籍设计是一种综合的思考行为，它不仅考虑书籍的封面、环衬、扉页、序言、目录、正文、字体、图像、饰文、空白、线条、页码等方面，而且考虑对材质的选择。

　　材质简单地理解就是指材料的质地及其质感，是我们视觉所感受到的一种外观现象。它是把材料本身提升到艺术的高度并赋予它丰富的内涵，以让读者在欣赏文字作品的同时领略材质的美感，使文字作品在材质美的衬托下升华。自古以来，文字是构筑信息形态的基本元素，至今仍然在书籍形态中占据主导地位，但已不是唯一的要素。尽管书籍中的文字、图像、图表等一切可以调动的视觉形象的运筹可以传达图书内容的核心，进行形象思维的理性扩张力、填补甚至超越文字表现力本身的增值效应，但书籍的材质选择更使信息知识具有了某种程度上不可思议的能量值和流动诱导的表现力。中国古本读物和欧洲中世纪的圣经手写本正是这二者的有机组合。

　　德国建筑巨匠路德维希·密斯·凡德罗曾说："所有的材料，不管是人工的或自然的都有其本身的性格，我们在处理这些材料之前，必须知道其性格。"

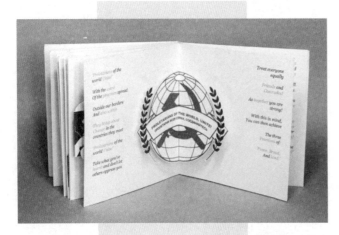

　　材料是富有生命的，每一种材料都有自己独特的特性，材料的特性导致材料具有不同心理感受这一特征。材料的心理感受指的是材料的质地、颜色、肌理等因素给人的综合感受，可借助材料的特性引申出与众不同的设计效果，表达出书籍更深层的精神内涵，为读者提供阅读想象的畅游空间。

一、材料的质感

　　材料的质感指的是"人的感觉系统因生理刺激对材料作出的反映或由人的知觉系统从材料表面特征得出的信息，是人对材料的生理和

图3-40

心理活动，它建立在生理基础上，是人们通过感觉器官对材料作出的综合印象"。由于材料的物理属性不同，不同材料的纹理、色彩、重量、色泽、性格的变化都会产生不同的质感，书籍材料的不同质感让读者在阅读的过程中也有了不同的感受，比如平滑的或粗糙的、柔软的或坚硬的、温暖的或寒冷的、热情的或冷漠的、温柔的或粗犷的、高贵典雅的或朴素端庄的等感受，为读者提供了不同的精神满足。

随着现代书籍设计的进步，技术工艺日益发展，设计师在大胆创新运用新材料的同时，更应该关注材料的质感之美，挖掘材料的表现力，将材料的美物化在书籍设计之中。如此一来，在发展了书籍设计的同时，也为读者创造了富有感染力的阅读氛围。

二、材料的五感

日本著名书籍设计师杉浦康平说："书籍带给人的整体感受有五感，即视觉、触觉、嗅觉、听觉以及味觉。"当读者在拿到一本书的时候，首先映入眼帘的是书的外部形态，通过特殊材质所设计的创意形态，会让读者在阅读之前便对其产生好奇之心。通过触觉，我们会感受到材料质感所带给我们不同的心理感受，粗糙的、平滑的、坚硬的、柔软的，这是阅读之前，书籍与读者之间心灵的交流。书籍纸张的味道，油墨的芳香，更让我们嗅到书卷之香。

图3-41

图3-42

在翻阅图书的过程中，不同材质所发出的不同的音乐节奏、高低不同的音节，如同一首美妙的乐曲。对书籍的品味，那就好比品尝一道菜，细细品尝，方能体会书中万千韵味。我们在阅读的过程中享受到了视觉、触觉、嗅觉、听觉以及味觉的五感交融之美。

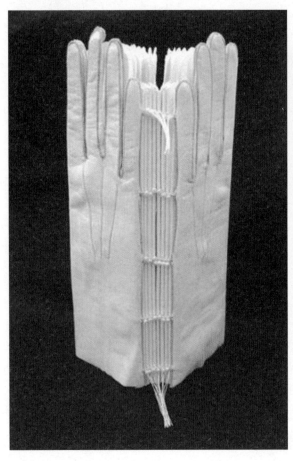

图3-43

1. 织品类材料

织品类封面材料是在我国使用最早、最广泛的一种书籍装帧材料，如卷轴装、包背装、蝴蝶装、线装等，都是采用丝或棉织品作为封面材料的。

材料棉织品封面材料的主要成分是棉纤维。棉纤维的吸湿性较强，随着温度升高，含水量下降，当温度超过105℃时水分全部挥发。这就形成了棉布的缩水现象。一般缩水率在4%左右，经向略多、纬向略少。如果装订加工时不作防缩处理，就会出现质量问题，如书壳翘曲不平、裁切小幅面后尺寸变形，以及图案变形等严重后果。棉纤维对酸的耐抗性很弱，要防止与盐酸、硫酸、硝酸的接触，但耐碱性很好。棉织品有良好的黏结性能，任何一种黏结剂均可达到粘牢的效果。

（1）平纹布。平纹布封面材料一般选用细纹布。细纹布表面细洁、平整、柔软、结头较少，质地比市布（俗称大五幅）轻而薄。平纹布中的白色可做蝴蝶装的拼条；青蓝和水蓝染色布可做古线装、包背装封面与函套等。用平纹布做封面朴实经济、古雅大方，加工时易粘连和烫印。

（2）府绸。府绸封面材料比平纹布效果好，档次高。府绸的经纱粗、纬纱细，布面光洁，手感滑

图 3-44

爽，有丝绸的感觉，故称府绸。府绸又分全线和半线，封面使用半线府绸较多。精装封面多用府绸，古线装封面和函套亦然。府绸与平纹布同样易粘连、烫印。

（3）绒布。绒布织品做封面的主要是平绒。平绒是双层组织，经分割而起绒；如果再经丝光处理，则有丝的光泽，故称丝光平绒。

平绒表面绒毛丰满平整、光泽好、手感柔软、富有弹性、绒身厚实、耐磨性好，不易起皱，但易脱绒，只要裁完后注意是无任何影响的。

2. 纸质材料

（1）凸版纸。凸版纸是供凸版印刷书籍、杂志的主要用纸。凸版纸按纸张用料成分配比的不同，可分为1号、2号、3号和4号四个级别。纸张的号数代表纸质的好坏程度，号数越大纸质越差。凸版印刷纸主要供凸版印刷机使用。这种纸的特性与新闻纸相似，但又不完全相同。由于纸浆料的配比与浆料的叩解均优于新闻纸，凸版纸的纤维组织比较均匀，同时纤维间的空隙又被一定量的填料与胶料所充填，并且还经过漂白处理，这就形成了这种纸张对印刷的适应性。与新闻纸略有不同，它的吸墨性虽不如新闻纸好，但它具有吸墨均匀的特点；抗水性能及纸张的白度均好于新闻纸。凸版纸具有质地均匀、不起毛、略有弹性、不透明、稍有抗水性能、有一定的机械强度等特性。

平板纸规格：787毫米×1092毫米，850毫米×1168毫米，880毫米×1230毫米，以及一些特殊尺寸规格的纸张。

卷筒纸规格：787毫米，1092毫米，1575毫米。

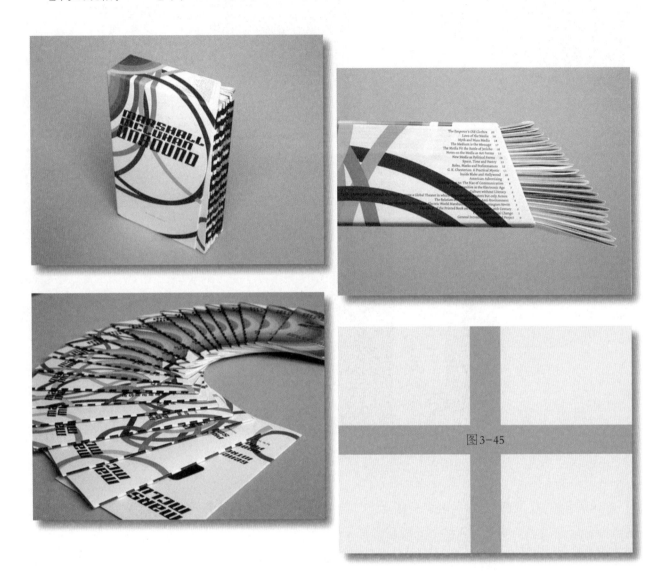

图3-45

（2）新闻纸。新闻纸也叫白报纸，是报刊及书籍的主要用纸。新闻纸的特点有：纸质松软，富有较好的弹性；吸墨性能好，油墨能够较快地固着在纸上；纸张经过压光后两面平滑，不起毛，从而使两面印刷品印迹比较清晰而饱满；有一定的机械强度；不透明性能好；适合于高速轮转机印刷。这种纸是以机械木浆（或其他化学浆）为原料生产的，含有大量的木质素和其他杂质。不宜长期存放，若保存时间过长，纸张会发黄变脆，抗水性能差，不宜书写。必须使用印报油墨或书籍油墨，油墨黏度不要过高，平版印刷时必须严格控制版面水分。

平板纸规格：787毫米×1092毫米，850毫米×1168毫米，880毫米×1230毫米。

卷筒纸规格：787毫米，1092毫米，1575毫米。

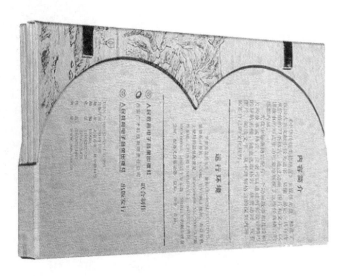

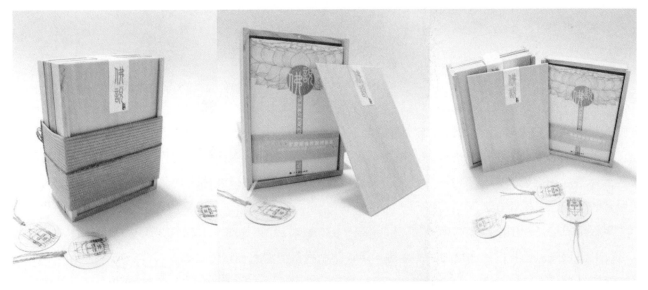

图 3-46

（3）胶版纸。胶版纸主要供平版（胶印）印刷机或其他印刷机印制较高级彩色印刷品，如彩色画报、画册、宣传画、彩印商标、高级书籍，以及书籍封面、插图等。胶版纸按纸浆料的配比分为特号、1号和2号三种，有单面和双面之分，有超级压光与普通压光两个等级。

胶版纸伸缩性小，对油墨的吸收性均匀，平滑度好，质地紧密不透明，白度好，抗水性能强。应选用结膜型胶印油墨和质量较好的铅印油墨。油墨的黏度也不宜过高，否则会出现脱粉、拉毛现象。还要防止背面粘脏，一般采用防脏剂、喷粉或夹衬纸。

平板纸规格：787毫米×1092毫米，850毫米×1168毫米。

卷筒纸规格：787毫米，850毫米，1092毫米。

图3-47

（4）铜版纸。铜版纸又称印刷涂料纸，这种纸是在原纸上涂布一层白色浆料，经过压光而制成的。纸张表面光滑，白度较高，纸质纤维分布均匀，厚薄一致，有较好的弹性和较强的抗水性能与抗张性能，对油墨的吸收性与接收状态良好。铜版纸主要用于印刷画册、封面、明信片、精美的产品样本以及彩色商标等。铜版纸印刷时压力不宜过大，要选用胶印树脂型油墨以及亮光油墨。要防止背面粘脏，可采用加防脏剂、喷粉等方法。

平板纸规格：648毫米×953毫米，787毫米×970毫米，787毫米×1092毫米。

（5）画报纸。画报纸的质地细白、平滑，用于印刷画报、图册和宣传画等。

平板纸规格：787毫米×1092毫米。

（6）书面纸。书面纸也叫书皮纸，是印刷书籍封面用的纸张。书面纸造纸时加了颜料，有灰、蓝、米黄等颜色。

平板纸规格：690毫米×960毫米，787毫米×1092毫米。

（7）压纹纸。压纹纸是专门生产的一种封面装饰用纸。纸的表面有一种不十分明显的花纹。颜色分灰、绿、米黄和粉红等色，一般用来印刷单色封面。压纹纸性脆，装订时书脊容易断裂。印刷时纸张弯曲度较大，进纸困难，影响印刷效率。

平板纸规格：787毫米×1092毫米，850毫米×1168毫米。

（8）字典纸。字典纸是一种高级的薄型书刊用纸，纸薄而强韧耐折，纸面洁白细致，质地紧密平滑，稍微透明，有一定的抗水性能。主要供印刷字典、经典书籍一类页码较多、便于携带的书籍。字典纸对印刷工艺中的压力和墨色有较高的要求，因此印刷时必须从工艺上特别重视。

平板纸规格：787毫米×1092毫米。

（9）毛边纸。毛边纸纸质薄而松软，呈淡黄色，没毛。抗水性能与吸墨性较好。毛边纸只宜单面印刷，主要供古装书籍用。

（10）书写纸。书写纸是供墨水书写的纸张，纸张要求书写时不洇。书写纸主要用于印刷练习本、日记本、表格和账簿等。书写纸分为特号、1号、2号、3号和4号。

平板纸规格：427毫米×569毫米，596毫米×834毫米，635毫米×1118毫米，834毫米×1172毫米，787毫米×1092毫米。

卷筒纸规格：787毫米，1092毫米。

（11）打字纸。打字纸是薄页型的纸张，纸质薄而富有韧性，打字时要求不穿洞，用硬铅笔复写时不会被笔尖划破。主要用于印刷单据、表格以及多联复写凭证等。在书籍中用作隔页用纸和印刷包装用纸。打字纸有白、黄、红、蓝、绿等色。

平板纸规格：787毫米×1092毫米，560毫米×870毫米，686毫米×864毫米，559毫米×864毫米。

（12）牛皮纸。牛皮纸具有很高的拉力，有单光、双光、条纹、无纹等。主要用于包装纸、信封、纸袋等和印刷机滚筒包衬等。

平板纸规格：787毫米×1092毫米，850毫米×1168毫米，787毫米×1190毫米，857毫米×1120毫米。

图3-48

图3-49

3. 装饰材料

材质是书籍设计的重要表现形式。选择不同的材质会产生不同的设计效果，进而传达出不同的书籍内涵。纸张以它本身独有的自然痕迹，通过纤维的经纬纵横、色泽的自然细腻，尽情地彰显着纸张的无比魅力。纸张的美不仅为我们的"书式"生活增添了无尽的愉悦，同时也使生活在快节奏中的人们放慢了脚步。

如何运用材料语言的设计体现书籍的内涵和精神，这就需要设计师充分了解材料的心理特性。不同材质能产生不同的心理特性，例如：木材，来源于大自然，属于自然材质，给人一种返璞归真的感觉，木材纹理和年轮还能产生节奏感和韵律感。竹藤，给人一种清新、淳朴、典雅的感觉。金属，给人时代感强、冰凉、机械的感觉。塑料，给人一种现代、轻盈、时尚、张力、色彩鲜艳的感觉。玻璃，给人易碎、光滑、透明的感觉。织物，给人以富贵、柔软的感觉。皮毛的柔软、细腻、温暖，具有强烈的富贵感，女性气息浓重。充分地理解材质的心理特性，发掘材料的内涵并且大胆尝试和创新，才能让材料语言发挥最大的艺术价值。

随着现代书籍设计的发展，越来越多的新材料被运用到了设计之中，使得书籍所用的材料也呈现出多样化。除传统的纸张之外，木材、竹藤、金属、塑料、玻璃、织物、皮革、橡胶等材料也被广泛运用到设计之中。丰富的材料拓展了书籍设计的表现空间，材料的创造性运用使书籍的形态更加丰富多彩，增强了人们的阅读欲望。

肌理效果也是材质在书籍设计中的应用。不同的质地有不同的物理特征，这些肌理形态会使人产生多种感觉。肌理可分为自然形态的肌理和人工形态的肌理。自然形态的肌理，给人以大自然的亲近美感。人工形态的肌理通过机器加工产生，如塑料、合成金属、人造皮革等的光滑感，给人以精密、理性、稳定的心理感觉。适当地运用肌理效果，在书籍设计中会给阅读者带来全新的感受，起到一种特殊的效果。

图3-50

图3-51

如今，我国经济的腾飞极大地促进了书籍装帧艺术的发展。这种促进体现在两方面：一方面，装帧材质的质量与发达国家的水平越来越接近，我们的一些优秀图书的装帧材质之精美，甚至赢得西方出版家的称赞；另一方面，装帧材质的现代化，促进了书籍装帧设计观念的升华，我国书籍的装帧材料越来越讲究档次，讲究品位，讲究材质的文化内涵。材质已经成为表达书籍装帧设计创意不可忽视的重要因素。我国经济的高速发展与物质的不断丰富，从根本上改变着我国书籍装帧艺术的面貌。

冯骥才的《灰空间》一书，设计师设计得非常简洁，没有任何插图，只有左下角书名和作者签名，但是此书给人的感觉却很厚重并且高档。其关键就在封面所用的有肌理的艺术纸张上，感觉空灵却不单薄。大片的留白空间，如果运用在普通的铜版纸上，效果就会大打折扣。当然，相对普通纸材质它们的成本和便携性不占优势，但作为礼品书和发行量较小的书籍完全可以改变书籍的材质。特殊材质的选用能够使视觉思维的直观认识（视觉生理）与视觉思维的推理认识（视觉心理）获得高度统一，以满足人们知识的、想象的、审美的等多方面要求。

第四章　书籍的形态设计

第一节　纸的形态

　　纸张之美的本质是什么呢？纸张之美是一种亲近之美。由纸张装订而成的书籍既有纯艺术的鉴赏之美，更具有阅读使用过程中享受到的视、触、听、嗅、味五感交融之美。

　　书籍设计中特殊材质起着举足轻重的作用。材质的"个性"选择和运用会给整个书籍一种特有的"气质"，把这样的书籍呈现在读者面前会让读者有全新的阅读感。形态设计为书籍设计提供了艺术之美：

图4-1

（1）增强书籍的阅读新鲜感。读者面对传统的纸质书籍早已经厌倦了，有不同材质的书籍可以令读者有面对新鲜事物的惊奇感觉，有助于增强阅读的快感。

（2）有助于书籍本身的信息传达。书籍的设计虽受制于内容主题，但绝非狭隘的文字解说或简单的外包装。设计者应从书中挖掘深层含义，觅寻主体旋律，安排节奏起伏，运用理性化的意识捕捉住表达全书内涵的各类要素，如到位的书籍形式、严谨的文字排列、准确的图像选择、有时间感受的余白、合理的色彩配置、个性化的材料运用。因为现代书籍多是以廉价方便的纸作为材质，它的优点显而易见，但缺点也是致命的。它只能从版式创意上给书籍内容以表达传递，不能使读者从书籍的外在形式上有所感受，但这一点特殊的材质就可以轻而易举的办到。比如说书籍本身的内容是佛教的经文，那么运用玻璃和木制的材料就更能体现佛家的清净自然的意境。

图4-2

（3）材质能满足书的功能性。某企业推出了一系列"浴室读书用的塑料制书"。这些书如果被水打湿也不会被撕破，页面不会黏上。这是一个很好的创意，塑料的特性和浴室书的要求不谋而合。

一、立体纸雕

　　纸雕又称纸浮雕。古老的纸雕艺术起源于中国汉代，主要孕育在民间艺术土壤中，发展缓慢却从未间断，形态虽无变化万千，却不失创新精神。其中民间韵味浓厚的纸雕彩灯在借鉴宫灯艺术造型的基础上，开创了中国纸雕艺术的经典篇章。

　　制作纸雕当然是以纸为素材，然后使用刀具塑型，结合了绘画和雕塑之美。纸雕起源甚早，所以与其说纸雕是一门新兴艺术，不如把它视作传统工艺借助现代工艺的复兴来得更贴切。纸雕的制作要求艺人熟练地运用切、剪、折、卷、叠、粘等手法。随着纸材来源的普及和纸雕技术的演进，纸雕发展成一种赚钱的插图媒体。至今，纸雕仍是立体插图业的尖兵。西方许多美术学府都设有专系，教授纸雕及其衍生出来的各种立体创作方式。

　　工业革命时代，由于工商业的蓬勃发展，纸雕艺术开始在百货公司的橱窗流行，接着摄影技术的发明，进一步将纸雕表现在印刷媒介上，形成纸雕艺术普及化。现代书籍设计中设计师为了营造出神入化的艺术效果，结合多种工艺手段进行造型设计，展现现代书籍与纸雕艺术的完美融合。

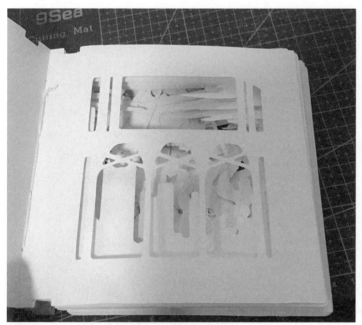

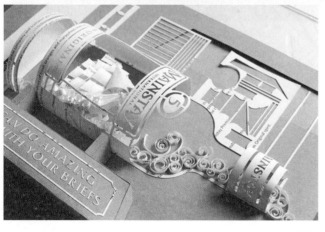

图4-3

图4-4

二、艺术形态

纸张为书籍艺术提供了广阔的空间。设计者运用废旧的书籍，结合折叠、造型等艺术形式进行书籍纸张的艺术呈现。

Jacqueline Rush Lee，美国女艺术家，专注于以书籍为材料的创意造型。她说："近十年来我一直沉迷于旧书的质感，我思考如何将这些回收来的旧书重新展现它们的历史和价值。"其将书籍艺术进行色彩与造型的结合表达。

图4-5

艺术家Mike Stilkey选择给旧书涂鸦，为旧书赢来了一次崭新的生命。这些书籍大部分来自图书馆丢弃的图书及别人的捐助，Mike Stilkey根据作画的内容，将旧书垒成不同形式，与涂鸦配合得天衣无缝，突出画作的惟妙惟肖。

Brian Dettmer，一位来自纽约的艺术家，因"书籍外科医生"的名号而被大家熟知。他用镊子、刀等外科医生常用的手术工具雕刻老旧的厚重书籍，让它们成为复杂而美丽的雕塑。他一般选用古老的地图、百科全书、教科书等进行创作。

图4-6

　　Isaac G. Salaza擅长把旧书中的书页折成文字，比如下图中的LOVE字样，而且类似的书籍在创意商店里也有直接售卖。

图4-7

第二节 印刷的形态

印刷是把文字、图画、照片等原稿经制版、施墨、加压等工序，使油墨转移到纸张、织品、皮革等材料表面上，批量复制原稿内容的技术。简单意义上说，印刷是使用印版或其他方式将原稿上的图文信息转移到承印物上的工艺技术，也可以理解为使用模拟或数字的图像载体将呈色剂/色料（如油墨）转移到承印物上的复制过程。

一、印刷分类

按照印版上图文与非图文区域的相对位置，常见的印刷方式可以分为凸版印刷、凹版印刷、平版印刷及孔版印刷四大类。

（1）凸版印刷，即印版的图文部分凸起，明显高于空白部分，印刷原理类似于印章。早期的木版印刷、活字版印刷及后来的铅字版印刷等都属于凸版印刷。

（2）凹版印刷，即印版的图文部分低于空白部分，常用于钞票、邮票等有价证券的印刷。

（3）平版印刷，即印版的图文部分和空白部分几乎处于同一平面，其是利用油水相溶的原理进行印刷的方式。

（4）孔版印刷，即印版的图文部分为洞孔，油墨通过洞孔转移到承印物表面。常见的孔版印刷有镂空版和丝网版等。

根据印刷色数区分，可以分为单色印刷与彩色印刷。

（1）单色印刷：并不限于黑色一种，凡以一色显示印纹者皆是。

（2）彩色印刷：即多色印刷，依据色光加色混合法（Additive Color Mixing Process），使天然彩色原稿分解为原色分色版，再利用颜料减色混合法（Subtractive Color Mixing Process），使原色版重印于同一被印物质上。

多色印刷又分增色法（Casing Method）、套色法（Register Method）及复色法（Multi-color Method）三类。增色法者，在单色图像中之双线范围内，加入另一色彩，使增其明晰鲜艳，以利阅读。一般儿童读物之印刷，多采用之。套色法者，各色独立，互不重叠，亦无他色作范围边缘线，依次套印于被印物质上。一般线条表、商品包装纸等之印刷，多采用之。所有彩色印刷品，除为数甚少之增色法与套色法而外，全属复色法所印。

图4-8

　　四色印刷为目前主要采用的印刷方式，即通过CMYK（即青、品红、黄、黑）这四种颜色油墨转至承印材料上进行成色，通过这四种颜色的不同比例来再现原稿各种色彩。为扩大呈色空间，也有采用多于四色（如六色印刷）的方式。包装行业往往采用四色加一个或多个专色的方法，以保证用户对色彩的需求得到满足，增加印刷品的防伪特性。

图4-9

二、印刷工艺

　　随着印刷技术的发展，印刷工艺也变得越来越丰富。通常，"印后"指的就是印刷后期的工作，一般指印刷品的后加工，包括过胶（覆膜）、过UV、过油、烫金、击凸、装裱、装订、裁切等，多用于宣传类和包装类印刷品。

1. 烫金/烫银

　　其学名叫作热压转移印刷，简称热移印，俗称烫金、烫银。它是借助于一定的压力和温度使金属箔烫印到印刷品上的方法。与其相对的是冷移印。

　　烫金特点：有金属光泽，富丽堂皇，使印刷画面产生强烈对比。

　　适用范围：适用于非常突出的文字或标识，多用于样本、贺卡、请柬、挂历、台历等。

　　注意：配合起凸或压凹工艺能产生更为显著的效果；可以采用的色彩除金银外还有彩金、激光、专色等。

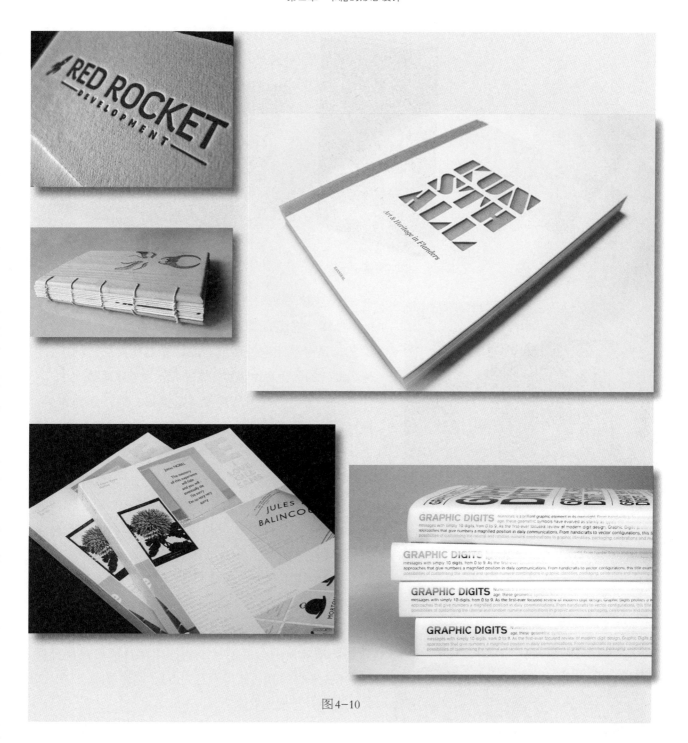

图4-10

2. UV

UV是紫外线上光的简称，就是靠紫外线照射才能干燥固化油墨。UV通常是丝印工艺，现在也有胶印UV。它是将紫外线光胶满版或局部固化在印刷品表面的特殊工艺，能够在印刷品表面呈现多种艺术特效，令印刷品更现精美。

种类：加厚UV、磨砂UV、七彩UV、玻璃珠等。

适用范围：书刊装裱、封套、封面、台历、高档包装、手提袋等。

注意：采用膜上UV，则需要采用UV专用膜，否则UV容易脱落、起泡、开胶等，配合起凸、烫金等特殊工艺效果更佳。

图4-11

3. 压纹

压印，靠压力使承印物体产生局部变化形成图案的工艺，是金属版腐蚀后成为压版和底版两块进行压合。分为便宜的普通腐蚀版和昂贵的激光浮雕版两种。

（1）起凸。利用凸模板（阳模板）通过压力作用，将印刷品表面压印成具有立体感的浮雕状的图案（印刷品局部凸起，使之有立体感，造成视觉冲击），叫作起凸。

特点：可增加立体感。

适用范围：适用于200g以上的、肌理感明显的高克重特种纸。

注意：配合烫金、局部UV等工艺，效果更佳。

（2）压凹。

利用凹模板（阴模板）通过压力作用，将印刷品表面压印成具有凹陷感的浮雕状的图案（印刷品局部凹陷，使之有立体感，造成视觉冲击），叫作压凹。

特点：可增加立体感。

适用范围：适用于200g以上的、肌理感明显的高克重特种纸。

注意：配合烫金、局部UV等工艺效果更佳。若将凹模板加热后作用于特种热熔纸将会取得非同寻常的艺术效果。

图4-12

（3）压纹。利用雕刻纹路的金属辊加压后在纸张表面留下满版的纹路肌理。

特点：用普通铜版纸实现特种纹路纸的效果，装饰性强，风格独特。

种类：梦幻石纹、珠玑纹、粗布纹、细布纹、月牙纹、金沙纹、毡纹、皮纹、梨纹、彩宣纹、条纹、金丝纹、莱妮纹、陶纹、编制纹、金叶纹、竹丝纹等，数量繁多。

图4-13

适用范围：书刊装裱、封套、封面、台历、高档包装、手提袋等。

4. 模切

模切工艺就是根据印刷品的设计要求制作专门的模切刀，然后在压力的作用下将印刷品或其他承印物轧切成所需形状或切痕的成型工艺。

特点：可产生异形，增强表现力。

适用范围：适用于以157g以上的纸为原材料的产品，如不干胶、商标、礼盒、相关印刷艺术品等。

注意：尽量避免贴近扣切线的图案和线条，容易扩大扣切误差。

第三节　现代书籍的形态

当代书籍的特征是单向性知识传递的平面结构式趋向胰岛素化学结构式的多元传递发展过程，这是新型书籍表现形态的变化趋势。所谓胰岛素化学结构式的传播，就是知识的横向、纵向、多向位、漫反射式的相互照应牵连、触类旁通。目前的书籍形态，一般都是千篇一律的形式，缺乏科学的编排、奇巧的构成、合理方便的检索，更谈不上整体节奏层次的变化。一本理想的图书，应当有着丰富的信息量、强烈的趣味性，并且易于读者接受以及用新鲜感来吸引读者。无论哪一类型的图书，都应当使读者得到超越书本内容的体验，使书与读者之间产生情感互动。

面对年轻读者群的求知欲望和对新事物新形式的敏感度，书籍不仅要给予读者一个吸取知识的过程，而且应当使其得到自身智慧和想象扩张的机会，以及视觉的美感。新的书籍形态设计，应当打破以往的规律，大胆创新，不单是图形、文字和色彩的结合，更多的是材质的合理利用，使书籍设计富有立体感、层次感，形态生动化。所以掌握好材质的"情感"，可以使其为书籍设计打开一片新的天地。

我国科技的进一步发展，外国优秀书籍形态设计理念的不断影响，以及网络的普及和电子出版物的广泛应用，给人们带来触觉、视觉、听觉的全新感受，这无疑给传统书籍形态带来了巨大挑战。在新的设计观念对书籍形态设计的影响下，要在不忽视书籍自身的文化意蕴以及书籍的功能性的同时，注重书籍设计民族特色与时代精神的融合，整体观念的树立，互动性的体现，形式与内容、技术与艺术的完美结合，设计出富有趣味性、艺术性的新的书籍形态，让读者从书籍的五感更好地体会其内涵。

一、趣味性

伴着快速的生活节奏，人们每天都处在高速、高压的状态下。人们都希望能在工作之余有个放松的、舒适的环境。每一个人都有一颗好奇的心，因此带点趣味的书籍很快就能吸引读者。如一本介绍蚂蚁的生活的图书中，可以穿插一些蚂蚁的生活照片或插画，让人们更深切地感受书的内容。又比如一本介绍风筝的书，每一章都可以插一幅黑白的风筝图稿，读者可以根据书的提示和自己的爱好，给风筝上色。当读者读完一本书，就有了几十张风筝图，有兴趣的还可以撕下此页装裱起来。要让读者主动地参与到书籍中来，把书籍设计成一本可以玩的"玩具"或"游戏"。我们可以通过打开、翻动、撕开、旋转、抽拉、折叠、刮开等方法，实现与读者的互动。

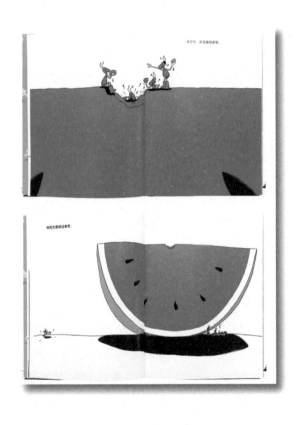

图4-14

二、艺术性

随着电脑辅助设计技术日益提高、印刷技术的快速发展，书籍设计师开始越来越重视书籍设计的独特创意，以及书籍所体现的文化内涵与人文关怀。这意味着书籍设计不再只重形式，而更多的是要满足现代人类的审美与精神需求，并且注重设计的艺术性与实用性相结合。

书籍的内容，是最"吸引眼球"的部分。但不可否认的是，在当今琳琅满目的书海中，封面设计的好坏在一定程度上直接影响读者是否购买。图形、色彩和文字是封面设计的三大要素。要根据书的不同性质、用途和读者对象，把这三者有机地结合起来，并以传递信息为目的，将一种具有美感的形式呈现给读者，从而表现出书籍的丰富内涵。好的封面设计应该在内容的安排上做到繁而不乱。

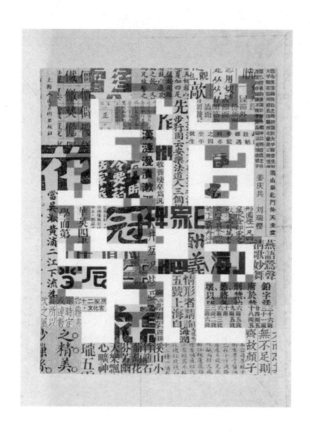

图4-15

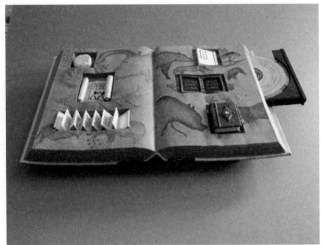

图4-16

　　书籍装帧设计艺术的时代审美感在市场经济中的价值体现，要求书籍装帧设计师要研究市场，研究图书装帧风格的流行趋势，研究图书上架后的效果，研究读者的需求等。所以，在市场经济的大潮中，只有把书籍装帧艺术的艺术性和商业性统一起来，设计出来的书籍才可能有市场竞争力和广阔的市场。如今中国一部分装帧设计师开始注重在民族化、传统化精神的前提下，重塑新形态的书籍，以此改变人们的阅读习惯、阅读行为方式，目的在于使读者在书籍阅读中得到美好的享受和心灵的启迪。近二十年中国的书籍装帧取得了巨大的进步，已经开始在世界上显露出它独特的魅力。

　　三、个性化

　　个性化的书籍设计，必须注入现代编辑设计的观念和手段，制造内容的新形式。人们在阅览书的同时，可以对其形态加以思考，甚至延伸到对设计者思维的一种揣摩、猜测、遐想。现代的书籍设计，已经不单单是为了给书籍做一个包装，更多的是设计理念的注入。许多设计者已经把书籍设计作为一种个人思想的表现手法、一个体现设计思想的平台，因此未来的书籍设计更趋向于个性化、个人化。这就达到了设计者的目的，不仅内容得到体现，而且思想得到一种释放，使人愉悦。

　　书籍的设计已经渐渐在打破原有的状态，在向另一个新的领域不断扩展。设计中更注重书籍形态的变化，单凭文字、色彩、图形的结合已经不足以满足人们的精神需求，在此基础上又添加了材质的运用。材质是多样化的，不同特性的材质会给人带来不同的感受，所以正确的选择与把握会为书籍形态的变化带来更多的扩展空间。新时代，新的理念、新的思路、新的手法，与新型的材质结合，同时抓住整体和局部的协调美感，定能在书籍设计领域获得突破性变化。

图4-17

第五章　书籍信息设计

第一节　书籍信息设计概述

书籍信息图表改变了书籍设计二维思考，改变了书籍设计信息化的传播方式，使书籍设计呈现立体、多维度的艺术形态。吕敬人认为：书籍是人类进步的阶梯，是一种信息化的传播媒介，信息可视化为书籍设计提供了更多的智慧与能量。

图5-1

随着社会的发展，尤其是碎片化阅读形式的常态化，信息无处不在，而如何吸引受众的注意力，并在一定时效内使信息转化成为可理解的内容，信息可视化设计的引入是对信息的瀑布流现象提供的一种方案。可以书籍中的历史、故事、人物、事件、时间为主线进行信息网状资料收集与整理，结合各类图形、文字、色彩、符号进行组合变化，在流动的时间长河中传递书籍的内涵与情感，为读者提供信息阅读的通道。

在这个强调可交互的信息时代，任何数据及信息的表达都应该是有趣的，一幅优秀的信息图表不能仅仅罗列数据，而应该是一个系统，包括数据分类、逻辑关系、阅读习惯和视觉体验等方面。书籍设计者依靠这个系统引导观看者进入预先设定的主题情景，启发观看者的兴趣从而传达信息，在抽象的可读性与具象的可观性之间寻求一种平衡。

最早的信息图表只是极为简单的数据汇总，如丹尼斯·狄德罗和圣·让·达朗贝尔共同绘制的《人类知识系统地图》，类似于树状图的最初雏形，他们仅是将数据进行了层级整理。直到1976年美国著名图表信息设计家理查德·乌尔曼提出"视觉信息图表"这一名词，他提倡的是构造视觉信息建构的方式，即图表设计师应当搜集数据和信息的内核并将其以清楚、简明的体例显现给受众。由此，视觉设计语言才被广泛应用于信息图表的制作之中，图表的设计表达诞生了新的视觉范式，视觉传达设计也开始囊括信息所带来的数据新基因。

信息图表设计逾越了语种的沟壑，汇集了图形、色彩、符号、文字、时空等视觉信息元素，不但将视觉审美艺术同量化，而且可以和精确的数据文本信息相结合，构成既易于表达又具有艺术色彩的图形格局。它的普遍意义就在于让价值得以完整地传递，塑造赏心悦目的视觉体验。正如乌尔曼所说："图表设计不是简单的资料整理，而应该是真正赋予文化意义上的理解，在知性基础上展开艺术创作，由手上的传递变为内心的传达。"

信息图表的出现非常符合当代人的阅读习惯，有趣的信息图表能够抓住人们的目光，还兼顾着强大的实用性及美观性。信息图表设计是视觉传达领域视觉形态设计的重要表现，以其独特的优势在各领域中得到广泛的应用，有效满足了大数据、信息化时代背景下人们的视觉需求，成为视觉传达领域中信息设计不可或缺的存在。

图5-2

第二节　书籍信息化设计实践

　　信息视觉化设计是书籍设计过程中必不可少的部分，这在过去的装帧里很少提及。信息数据化设计是一个可视化的复合体系，由图像、文字、数字结合而成，即赋予信息以形状。书籍中的信息处处蕴含着矢量化的差异关系，要在文本信息中处处寻找差异的视觉表现。书籍信息可视化设计要求书籍设计者从图像化的角度去探寻书籍造型之美、形式之美。

　　书籍设计教学课程融入信息可视化设计后，可引导学生如何在创造性的设计思维基础上结合理性，同时也能让书籍原本晦涩的内容变得更容易理解。实际的教学实验论证了其理论的可信度，这不仅是对当下教学模式的新探索，使书籍设计在教学安排上更具时代性和严谨性，而且能够培养出更多具有较强综合能力的当代书籍设计人才。

一、戏曲类专题设计

设计主题：《汉剧戏服》设计

设计者：张豪

指导教师：肖巍

　　该图书设计选以"汉剧戏服"为主题进行信息可视化设计，设计者收集汉剧戏服资料进行艺术加工，完成了五大类型戏服信息图表设计、插画设计，为图书内页版式提供了鲜活内容。整体图书内页设计精细、创意方式实施性强，能结合"阶梯式"图书开本进行造型设计，图书形态立体感强、凸显戏服精髓。在印刷工艺上采用四色印刷，精装制作，结合主题内容进行双开放式展示，将剧场与图书造型巧妙融合，材质工艺实用恰当，较好地展示了图书立体造型之美、人文之美。

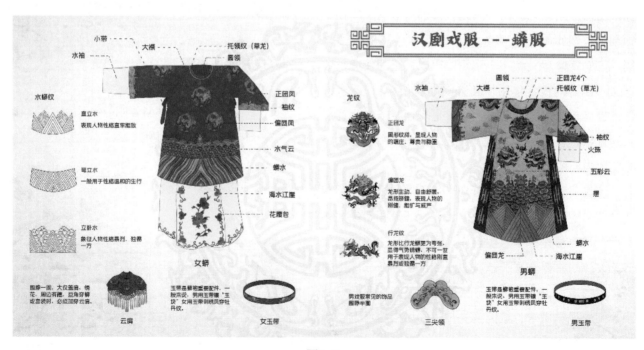

图5-3

图5-4

设计主题：《筱牡丹花》设计

设计者：蔡光煜

指导教师：肖巍

该书设计重点以陈伯华大师的代表作《宇宙锋》的详解展开，其中穿插了陈伯华大师生平的影像记录和摄影记录，让整本书的互动性更强，使读者在了解陈伯华时不只是单调的文字，能从她平时的生活记录和出演时的神情动作更深一步地去了解她，感受她专属的人格魅力。

设计者在设计时采用了半插画、半图像的风格，半插画的设计意图在阅读时增加图书的趣味性，让图书的原创性更加强一些，更能激发读者的收藏倾向，让图书的观赏更有回味的意味。图书整体设计内容充实，主题鲜明，注重图书开本、造型设计与应用，版式设计合理。在材料工艺表现上结合数码印刷工艺进行制作，运用硫酸纸、珠光纸等艺术材质进行工艺处理，并结合长卷折页方式进行插页设计，增强了图书设计的互动性。后续应强化对于图书新材料、新工艺的探索与应用。

图5-5

设计说明：
本书旨在宣传汉剧与介绍陈伯华，选取汉剧中的领头人物陈伯华大师的生平事迹和汉剧代表剧目作为整本书的内容。本书籍设计的侧重点是陈伯华大师的代表作《宇宙锋》的详解，其中书籍中穿插了一些大师生平的一些影像记录和摄影记录。

筱牡丹花

图5-6

二、文化类专题设计

设计主题：《汉字文化》设计

设计者：王诗琪

指导教师：肖巍

《汉字之道》的设计表达了设计师对书法艺术、文化的深刻理解与认识，并在装帧形式上进行大胆尝试，结合折页形式图书进行创意方案实施，有较强的艺术性、审美性。设计注重行距、间距的变化，强调内容和形式统一。图书材质与功能工艺上能结合烫金工艺，强化图书封面工艺之美，注重艺术纸张的印刷与表达，带给受众全新的视觉体验。

书的整体形式以经折装为主，有较好的延展性，容易分开，便于阅读、取用。封面和封底的图案与字体都采用凸版印刷。内页用活页展示，采用皮纹纸做底，由内到外整体体现中华文明。

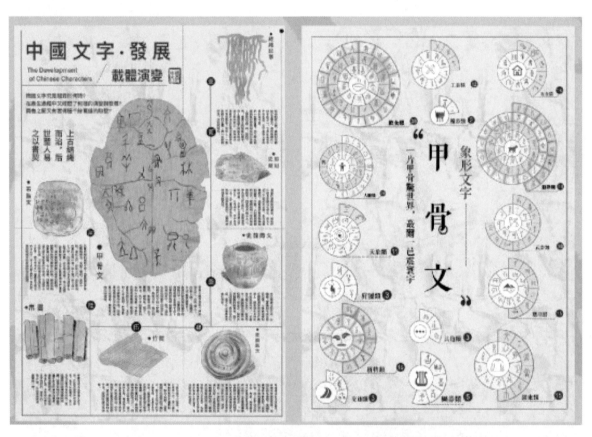

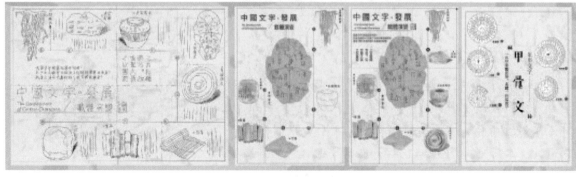

图5-7

图5-8

设计主题：《纸鸢》设计

设计者：陈梓菁

指导教师：肖巍

该设计以纸鸢为题进行创作，分版块进行构思，从相识纸鸢、关于纸鸢等方面进行艺术表现，将传统文化与现代设计融合创新，用手绘方式进行现代插画演绎，极具感染力。图书设计采用蝴蝶精装方式进行创意构思，版式设计合理，开本设计有一定特色，整体效果好，能结合纸鸢造型进行效果展示。在材料工艺制作上能较好结合数码打印进行制作，运用延展性折页设计完善图书设计展示，传递图书内涵，给予受众"优雅"的审美体验。

图5-9

设计主题：《粤食家》设计

设计者：赵梓衫

指导教师：肖巍

　　设计者通过调研，分析选择有代表性的家禽、小吃、食材进行信息图表设计与插画表现，完成了丰富的资料整合。图书整体风格统一，创意方案明确，采用线装方式进行排版与装订，注重图书形式美法则与应用。在材料使用上采用与主题相符的食材进行立体造型处理；纸张设计上以做旧的方式传递美食文化；印刷工艺以数码打印为主，后续可增加图书中跨版折页设计，丰富图书展陈效果。

图5-10

设计主题：《纸上建筑》设计

设计者：龚曹宇

指导教师：肖巍

设计师以"纸上建筑"为题进行装帧创作，主题新颖，版面设计精美而且富有设计感，注重对历代建筑、建筑元素、建筑形态进行资料收集与整理，完成了3张海报式的信息图表设计。在造型上结合立体镂空建筑形态，设计特殊开本、合理版式，传递图书的内涵与创意构思，达到了较高的水平。在版面、印刷工艺上采用特种纸、硫酸纸等材质进行图书效果展示，组织有序而富于变化，大胆镂空，很好地传达书籍的内涵，达到了"形神兼备"的意境。

图5-11

图 5-12

第六章　书籍设计的创新

第一节　概念书

一、如何定义概念书

概念书是一种基于传统书籍，寻求表现书籍内容可能性的一种新形态的书籍形式。它包含了书的理性编辑构架和物性造型构架，是书的传达形态概念上的创新，是为了寻求新的书籍设计语言而产生的一种形式，根植于内容却又在表现上另辟蹊径。尚未在市场上流通的书籍设计均可称为概念书。

图6-1

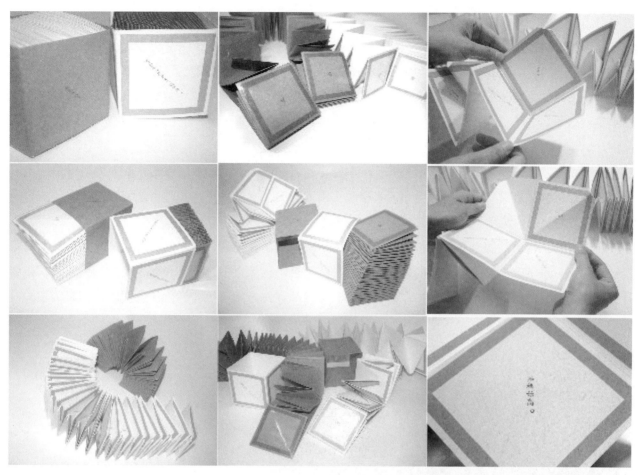

图6-2

因为受到技术和使用成本等条件的制约，概念书不能大批量生产。它的读者范围可能仅限于艺术家和爱好书籍设计的少数人群，不能普及。在我国目前的书籍流通中，概念书尚未登堂入室，就如同T型台上的服饰还不可能在时下流行一样，但它们为未来创造了潜在的可能性。

现在国外的概念书，很多在形态上已经摆脱了书籍的传统模式。设计者以独特的视觉信息编辑思路和创造性的书籍表达语言来传达文字作者的思想内涵，并体现非常强烈的个性。它们既是传递信息的书，也可称为艺术品。从这个概念上，其尚有无穷无尽的表现形式。设计师们从传统的书籍形态概念出发，可以延展出许多具有新概念的书籍形态来。

概念书籍设计是一门培养我们将书籍艺术形态转换成有效表现思想创造性设计的启迪教育课程。强调视觉艺术的概念书籍设计，目的是启发积极的创新性思想、

图6-3

图6-4

思维习惯。

　　观念的突破，就是要突破以往的一种思维模式。此模式的形式是日积月累所形成，它不但潜移默化地影响着人们的创新思维，而且束缚着人们潜在的创新思维。卡夫卡曾说过："艺术家试图给人以另一副眼光，以便通过这种办法改变现实。"所以现代设计师要将思维打开，吸收传统的良性因素，大胆地学习和采纳现代设计理念，用新的视角、新的观念、新的设计方式来不断提升书籍设计的审美功能与文化品位。

　　当形式有了姿态，它就立刻鲜活起来。一本普普通通的书，会因之活泼生动，使人爱不释手。当形式有了姿态，它也就有了生命。它会和读者交融，也能发出情感的信息，同时也就使书籍产生了主动的态势，伸出它灵敏的触角。

　　在这五彩缤纷的绚丽世界里，每天的新信息不断地在冲击我们的大脑。信息在变，时代在变，书籍设计的今天，承载了光荣而又艰巨的历史使命。它，可否不仅仅是书，而是一张光碟、一个容器，甚至是一件艺术品。如下面的门神概念书设计，运用艺术性的创作方式将纸艺进行了仿生设计，展示了图书的内涵和现代概念书的价值。

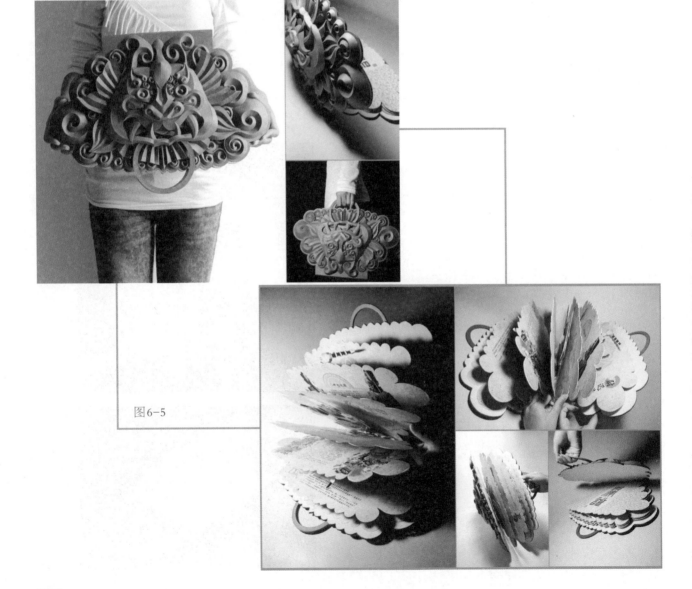

图6-5

图6-6

　　以"人性"为主题的概念书以木乃伊的形态进行综合材料的表现，结合书籍设计的内涵以夸张形式将书籍概念与文字、书本巧妙地结合。

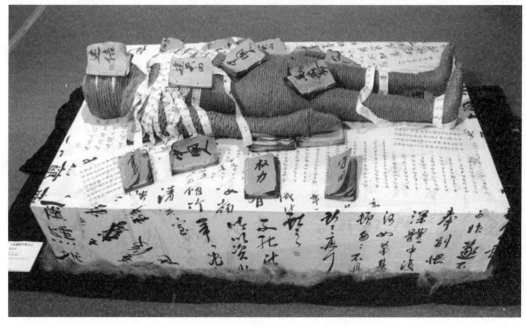

图6-7

图6-8

二、概念书的探索

概念书设计是书籍设计中的一种探索性行为。它从表现形式、材料工艺上进行前所未有的尝试，并且在人们对书籍艺术的审美和对书籍的阅读习惯以及接受程度上寻求未来书籍的设计方向。它的意义就在于扩大大众接受信息模式的范围，提供人们接受知识、信息的多元化方法，更好地表现作者的思想内涵，是设计师传达信息的最新载体。概念书既展示书籍设计者的创造力，也蕴藏未来书籍装帧设计的理念，甚至可以促进新材料和制作工艺的技术发展。它是满足阅读者对书籍跨文字范畴的审美需求的存在。《蚁呓》的成功体现在高超的设计水准和极少的设计介入。书中大量留白，既是希望读者写下阅读心得，也可以作为一本图文并茂的笔记本使用。书后"小贴士"，就是一种实验性的尝试，可在空白页上记录阅读过程中的感悟。文字或图形的表达，便是阅读者和设计者之间的互动。概念书如同DIY，是书籍设计者创作之上的一种再创造，在阅读欣赏之后形成了千变万化的书籍新颜。它早已跨越现代书籍给阅读者带来的身心体验，留下更多的是内容的思考和灵感的延伸。

图6-9

"世界最美的书"获奖作品《不裁》，以毛边纸为材料，边缘保留着纸的原始质感。没有被裁切过，却在书的前环衬加入了书签的设计，可随手撕开书签作裁纸刀使用。这样一本需要边裁边看的图书，让阅读有短暂延迟、有更多期待、有阅读节奏、有片刻休息，读到最后就得到了一本既朴素又雅致的毛边书。读者任何所想了解的信息都需要融入图书来探索证实，使整个阅读过程充满了探索性。

随着时代的发展，书籍设计者们可以无拘无束地发挥想象，让阅读者体验意想不到的新尝试。概念书的奇思妙想、变幻无穷，是阅读者对于现代书籍阅读方式的背离。阅读体验之后获得全新感受，是概念书的目的所在。阅读者在阅读时产生的阅读变化是概念书的努力方向。让书籍的未来别有洞天，使整个书籍的世界耳目一新，是概念书追求的目标。让人们在阅读中保持永远的新鲜感，是概念书赋予书籍

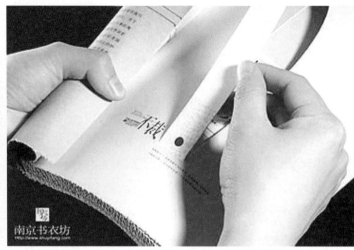

图6-10

阅读方式的新体验。有些预想可能不切实际，或在相当长的一段时间中无法实现，但是不论哪种发展形势，对于现代书籍的未来都有着明确的指导性作用。

图6-11

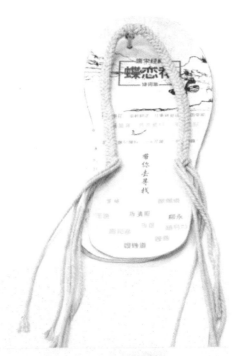

图6-12

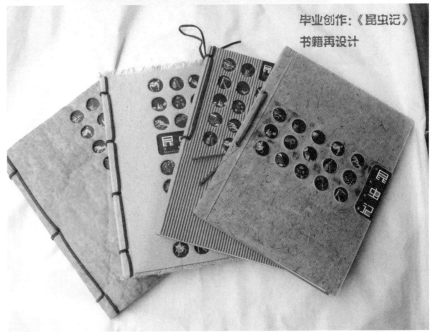

第二节　电子书

一、什么是电子书

电子书指将文字、图片、声音、影像等信息内容数字化的出版物以及植入或下载数字化文字、图片、声音、影像等信息内容的集存储介质和显示终端于一体的手持阅读器。电子书代表人们所阅读的数字化出版物，区别于以纸张为载体的传统出版物，通过数码方式记录在以光、电、磁为介质的设备中，借助于特定的设备来读取、复制、传输。比如手机、平板、电脑等电子设备上的UMD、JAR、TXT等格式的电子图书。

图6-13

二、电子书的产生

第一代电子书——1998年美国NuvoMedia公司出品的"火箭书"（Rocket E-book），可以作为第一代电子书诞生的标志。在国内，2000年8月，辽宁出版集团宣传开发"掌上书房"。同年，天津津科公司推出"翰林电子书"。同一时期，人民出版社创建的人民时空网站提出研发"电子书包"的设想。

第二代电子书——2004年，日本公司推出了基于电子墨水（E-ink）技术的电子书阅读器。2008年亚马逊Kindle上市。2009年，汉王推出电纸书。

第三代电子书——2010年1月，苹果公司发布iPad，电子书成为其应用之一。目前电子书阅读器、平板电脑和智能手机在电子书阅读业务上形成交集，在获得主流终端地位上形成竞争。

三、电子书的优缺点

1．优点

（1）方便快捷，随时随地可以拿出来阅读未看完的文章小说。

（2）携带简单省力，载体通常小巧方便，如手机、平板、MP4等。

（3）环保，节约资源。

（4）能更快更好地阅读更新的书籍，且较为省钱。

（5）内容丰富，文字、图片、声音、影像等信息内容数字化能让读者大饱眼福。

（6）阅读软件上有很多人性化设计，比如调字体大小颜色、滚动阅读模式、夜间阅读等有利于读者更好地阅读书籍。

2．缺点

（1）眼睛容易疲劳，不利于身体健康。

（2）经常出现乱码、错字等情况，阻碍阅读。

（3）依赖设备，没有独立性。

（4）盗版横行，不利于保护知识产权，让原创作者受到巨大的损失。

四、电子书的发展趋势

网络技术与数字化信息资源的发展日新月异，网络的普及使电子书拥有良好的传播渠道；电子终端的盛行，使大家习惯数字形式的娱乐方式。电子书刊在网络的推波助澜下，以方便性为导向。人们逐渐接受这种阅读方式，尤其是现代人从小就与电脑为伍，对电子书的接受程度较高，再加上庞大的阅读市场，电子书有可能和移动电话一样，拥有爆发性的成长。在电子书的未来世界，一页书就是一座图书馆；书里不再只有图文，还有声光效果以满足感官享受；读者也不仅仅是读者，更是选内容、排版面的编辑……

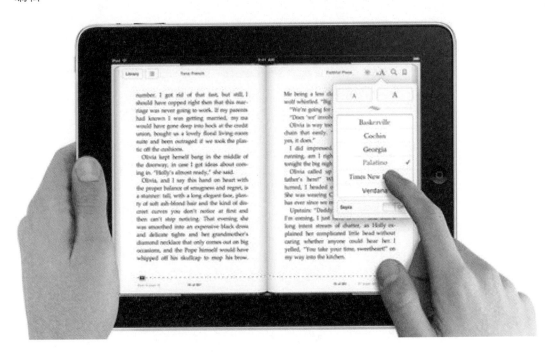

图6-14

图6-15

　　电子书将会覆盖大部分书籍，并且内容会更丰富，设计更具人性化，在线阅读会更方便。比如，可以随便做笔记，能打印出来纸质的文件，而这种文件是可以循环利用的材质。可以有更加丰富的图片、音频、视频穿插其中，使其成为高级的电子书。还可提高听书的方便性，只要下载下来的文件自动可以听，而且不用流量。而对于有难度的电子书，可以附带教师讲解视频、易错点、习题等。同时，可用新型能源产生电，做到不断电，为阅读提供源源不断的能源动力。但是，在短时间内，电子书不会取代传统的纸质图书。而对于电子书厂商来说，需要整合图书内容，用标准来保护知识产权，以及通过网络运营商向消费者发送图书内容。电子书的发展趋势必定是与纸质书共存的，且互相融合。

第七章 书籍设计教学实践

"书籍装帧设计"是视觉传达设计专业的一门专业核心课程,在培养学生创造性思维、设计能力表现方面占有重要的地位。

课程旨在培养学生全面掌握书籍装帧设计的方法与技能,并能够灵活地运用设计方法和技能进行书籍装帧设计,在实践环节中努力提高设计的创意能力和实际操作能力;要求学生能够初步掌握书籍装帧与出版设计的材料和印刷工艺,熟悉书籍出版工艺及印刷流程,以此支撑毕业要求中的相应指标点。

通过书籍装帧设计,挖掘学生潜在的创造力,以此激发艺术设计才能,帮助他们获取创造性思维方式;通过项目实训,帮助学生掌握具体的、实用的创意方法和印刷工艺设计流程,逐步加强团队协作意识和交流沟通能力;通过综合素质与能力的培养,为后期课程的设计奠定坚实基础。

项目教学是本课程中重要的实践教学环节,目的是培养学生运用方案设计来解决复杂问题的能力。本课程结合实践教学项目、学科竞赛项目进行书籍整体装帧设计与视觉化表现,并结合设计需求进行方案设计表达。着重引入文化类书籍设计专题进行视觉方案设计,培养学生的人文关怀与适应社会能力,并鼓励学生结合自己的兴趣进行文化类项目自由命题,完成现代立体书籍设计。要求注重书籍设计思路及印刷工艺效果表现,尺寸为20cm×20cm,具体要求如下:

(1)书籍设计主题突出、内容丰富,具备较强拓展性和先进性。

(2)书籍开本、造型符合主题特色。

(3)注重书籍版式设计及书籍新工艺、新材料表现。

(4)注重书籍设计过程展示(草图、平面版式、效果图等)。

(5)完成书籍整体造型实物设计与制作,具备书籍设计特点与艺术之美。

设计主题：《江城印迹》设计

设计者：骆海慧

指导教师：肖巍

设计说明：设计者通过运用龙鳞装帧设计表现技法，结合龙鳞装帧工艺进行视觉化设计与展示，以重温江城空间事物与视觉文化语言，探索含有江城符号的设计表达。设计方案将江城各时间段具有代表性的内容与二十四节气民俗文化进行融合创新，完成了对于龙鳞装帧艺术的表达。

草图构思

线稿描边

色块铺色

细节绘制

装帧制作

Binding production

纸张选择

低克重的半生熟宣纸

印刷方式

宣纸数字喷墨印刷

装帧组合

手工粘贴不断试制

图 7-1

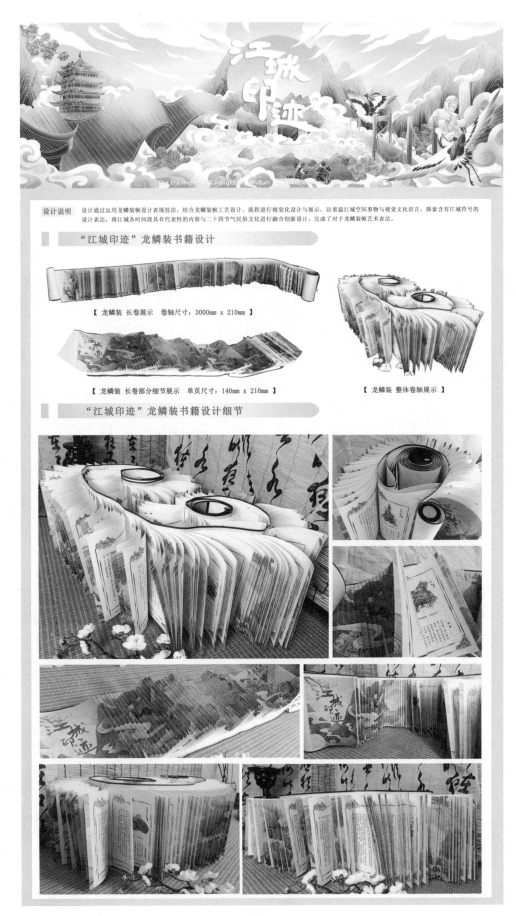

设计说明　设计通过运用龙鳞装帧设计表现技法，结合龙鳞装帧工艺设计、流程进行视觉化设计与展示，以重温江城空间事物与视觉文化语言，探索含有江城符号的设计表达，将江城各时间段具有代表性的内容与二十四节气民俗文化进行融合创新设计，完成了对于龙鳞装帧艺术表达。

"江城印迹"龙鳞装书籍设计

【 龙鳞装 长卷展示　卷轴尺寸：3000mm x 210mm 】

【 龙鳞装 长卷部分细节展示　单页尺寸：140mm x 210mm 】

【 龙鳞装 整体卷轴展示 】

"江城印迹"龙鳞装书籍设计细节

图7-2

设计主题：《黄梅挑花》设计

设计者：张欣然

指导教师：肖巍

设计说明：黄梅挑花承载着黄梅人的颗颗匠心与艺术天赋，饱含了对美好生活的寄托和理想未来的展望，蕴藏着源远流长的黄梅文化与和民俗人文精神。该设计通过将黄梅挑花的文化元素，如禅宗文化、黄梅戏文化、民间习俗文化等进行充分的提炼与创作，从而形成具有特色的"书籍＋文创"产品组合，注重新视觉传递。

图7-3

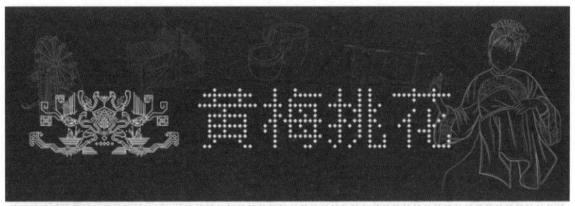

作品主题

作品简介

　　黄梅挑花承载着黄梅人的颗颗匠心与艺术天赋，饱含了对美好生活的寄托和理想未来的展望，蕴藏着源远流长的黄梅文化与和民俗人文精神。调查挖掘黄梅挑花的文化元素，如禅宗文化、黄梅戏文化、民间习俗文化进行充分的元素提炼与创作，形成特色产品。通过对黄梅挑花文创产品的设计能够将黄梅挑花通过现代设计融合运用到实际生活中，使更多人注意到黄梅挑花，产生兴趣的同时进一步了解它背后的寓意内涵。

作品思路

黄梅挑花——信息可视化设计与应用

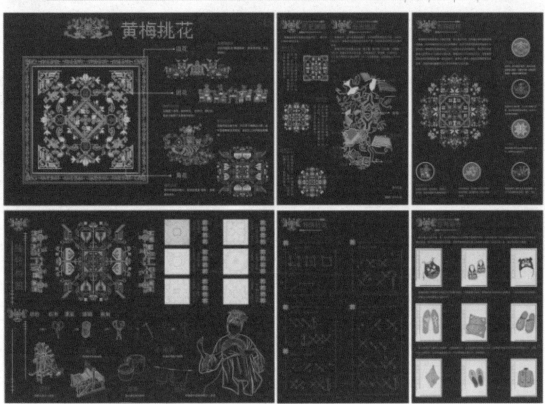

图7-4

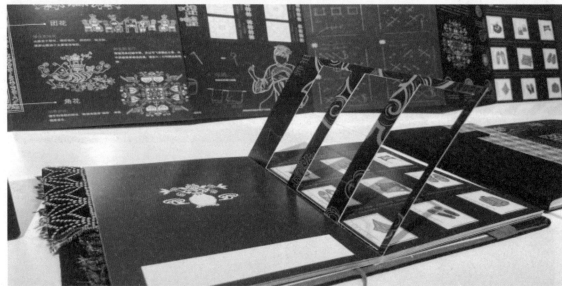

图7-5

设计主题：《民众乐园》设计

设计者：肖子豪

指导教师：肖巍　刘津

设计说明：设计者以武汉三镇老剧院"民众乐园"为研究对象，通过实地考察，了解老剧院相关历史文化，搜集立体书籍制作方法之后，先进行立体建筑结构实验，得到立体建筑结构的参考数据，后将设计方案落地实施。设计者在建筑上不再采用平面式插画进行视觉表达，而是采用近年来流行的立体式，在空间上给予人更强的视觉冲击力，打破了一维层面只能给人留下平面的刻板印象。在内容上以家喻户晓的梁山伯与祝英台的故事为原型，用六张画面组成系列故事。

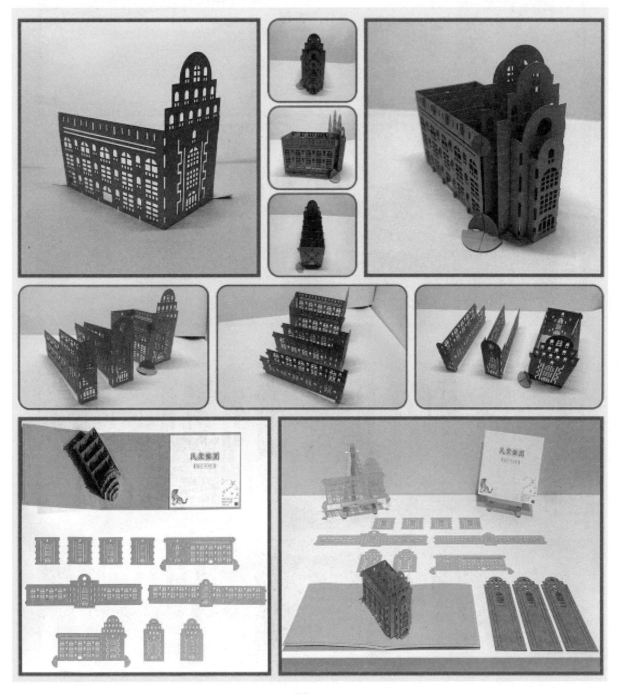

图7-6

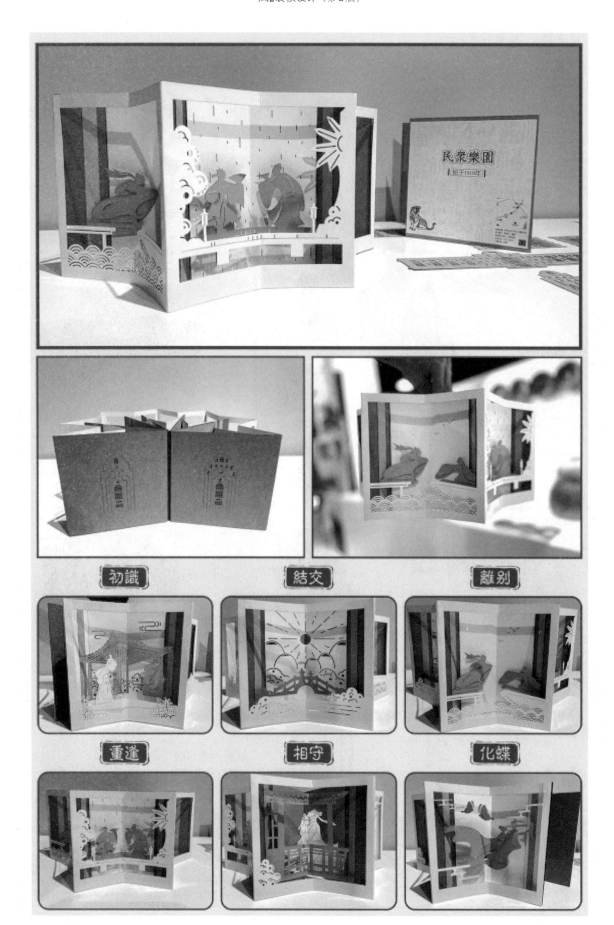

图7-7

设计主题：《桥文化》设计

设计者：王恩

指导教师：肖巍

设计说明：设计者以武汉的桥文化进行书籍创意设计，以武汉长江大桥为主线进行插画设计，以"江城"塑造"桥城"文化来探讨城市特色，完成五座特色桥文化信息图表设计，并完成长卷书籍文创设计。整体创意方案巧妙，文化内涵凸显，完成了带有现代气息的书籍设计。在制作上注重书籍开本与艺术纸张工艺表现，结合硫酸纸、特种纸进行内容区分，并将长卷融入书籍开本设计，展现书籍造型之美、功能之美、艺术之美。

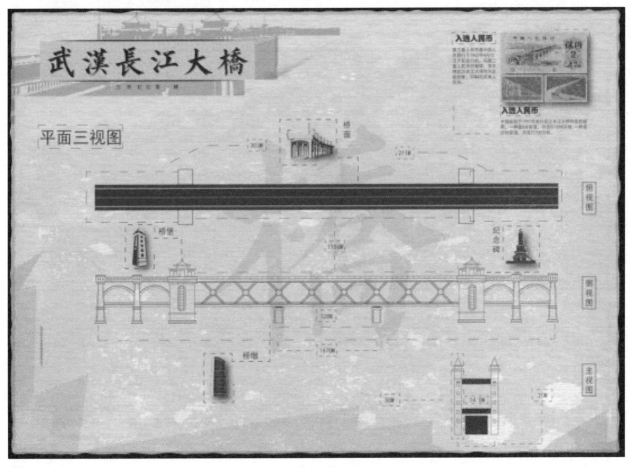

图7-8

图7-9

图7-10

设计主题：《纸遇》设计

设计者：卢柳昕

指导教师：肖巍

设计说明：设计者以非遗剪纸艺术进行设计创作，注重书籍设计过程展示，设计内容完整，以红色系进行主题传播，结合左右开本方式进行装帧设计，形成了具有造型审美艺术的书籍设计。《纸遇》的设计创意思路明确，内容注重传统与现代设计融合，有一定的艺术感染力；实物拍摄注意作品角度及细节处理，整体光感效果好。注重对新工艺的应用，结合艺术纸张与工艺技巧完成书籍制作，内页增加互动版块，强化书籍设计互动与交流。后续可加大对于新材料的尝试。

图7-11

设计主题：《头饰》设计

设计者：王茜雯

指导教师：肖巍

设计说明：该设计以古代头饰进行书籍装帧设计，注重书籍设计过程展示（草图、平面版式、效果图等），注重艺术创意方案实施与应用。设计通过调研分析完成了信息图表、折页等表现方式，注重对书籍设计全方面展示，整体色调以蓝色为主色调，凸显主题内容。在工艺表现上能结合特色印刷工艺、多种新材质进行表现，凸显古代头饰的历史演变，用工艺手法传递头饰之美、装帧之美，具备较强拓展性和先进性。

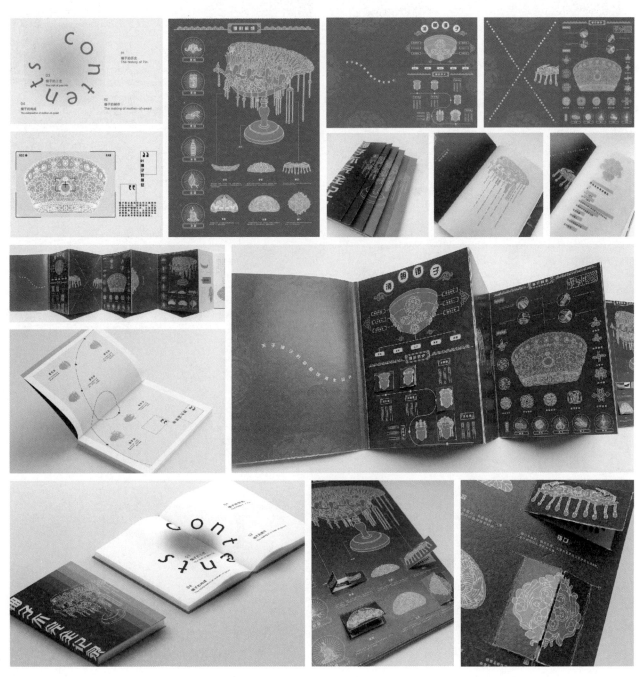

图7-12

设计主题：《旗迹》设计

设计者：李艺美

指导教师：肖巍

设计说明：设计者以旗袍为切入点，通过信息资料收集、整理，归纳了关于旗袍的方方面面，形成了有一定特色的长卷旗袍史设计折页，为内页设计提供了很好的延展。版式富有变化，内容丰富，注重开本设计与表现，具备较强的创意。在材料上，将旗袍造型、盘口等元素融入封面，增添层次感与文化性。在印刷工艺上结合数字印刷设计及多元艺术纸张进行展示，有较强的艺术审美性。

图7-13

设计主题：《山海经》设计

设计者：张浩若

指导教师：肖巍

设计说明：设计者以龙鳞装为表现形式进行概念书设计，作品形式感强，展示效果丰富，能充分注重多元化艺术形态的展示及效果的表达。在材质的使用上，能结合艺术纸张进行空间效果的处理，极具观赏价值。

图7-14

设计主题：《楚城》设计

设计者：胡尚龙

指导教师：肖巍

设计说明：设计者以武汉地域文化中的建筑文化为主题进行书籍设计，结合武汉地标性建筑黄鹤楼、归元寺、电视塔进行图书插画与信息图标设计，依据武汉地形地貌进行版式及内页设计。设计者具备较好的书籍创意执行力，能结合图书开本、造型进行艺术展示，较好地传播地域文化。图书印刷工艺表现合理，运用软件进行版式设计，注重特色开本及艺术工艺（烫金、凹凸）应用，具备一定的图书工艺之美。后续可加大对于新材料的应用。

图7-15

设计主题：《百味铺》设计

设计者：齐靖萱

指导教师：董璐

设计说明：设计者以中草药为主题进行概念书设计，以中药柜的形式整体呈现，配以不同的微缩中草药材。其中微缩书设计了《本草纲目》《伤寒杂病论》等，并以不同装帧方式呈现，更符合主题。

图7-16

设计主题：《汉之食》设计

设计者：刘淑珍

指导教师：董璐

设计说明：该设计以武汉美食为主题，图书整体结构以古代食盒呈现。其以两层方式表达概念，一层以糕点图书的形式呈现，一层以折页图书的方式呈现，分别用大米、绿豆、红豆、花生、玉米等食物制作，放在饭盒里，最后加上红色腰封，添上福字，再现传统，寓意美好。

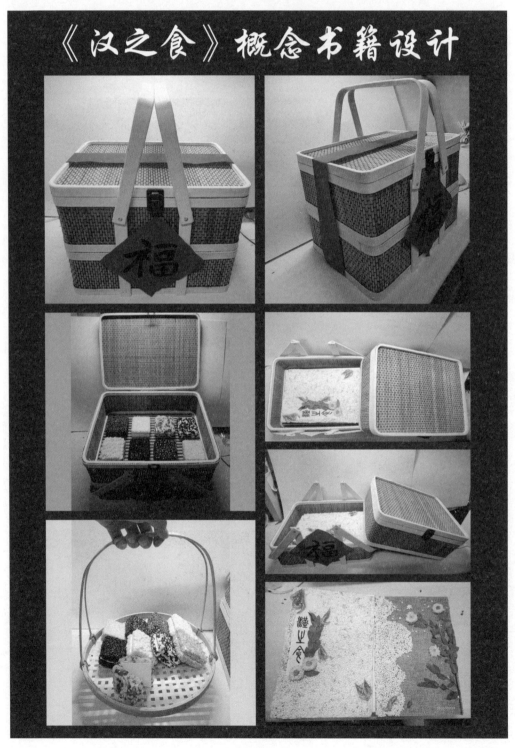

图7-17

设计主题：《汉字/数字王国》设计

设计者：方瑜

指导教师：董璐

设计说明：这是为3~5岁的小朋友设计的一本书。由于此书有两个主题——汉字和数字，设计者设计了两种打开方式，并以颜色区分。内页以旋转齿轮、双胞胎、汉字开花等方式开发小朋友的思维，通过简洁明了的图文结合促进小朋友的理解，使其能在游戏的同时学习到知识。

图7-18

设计主题：《三木森》设计

设计者：刘淑珍

指导教师：董璐

设计说明：该设计以森林为主题，让孩子从多个角度认识森林。图书采用镂空、错位、假借等方式引导孩子们去开、折、翻、拉，让孩子们在互动中了解森林中的花草树木、鸟兽昆虫，明白它们彼此共生，组成了一个完整的生态系统。

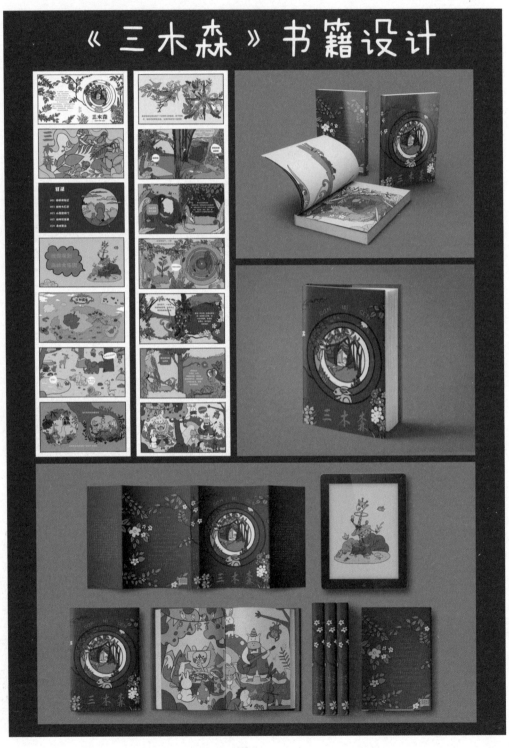

图7-19

设计主题：《嘘！快听　海洋在说话》设计

设计者：齐靖萱

指导教师：董璐

设计说明：这是一本立体翻翻书，以保护海洋为主题，整体色调采用蓝色系，内页设计了多种互动小机关，带领孩子们去探索和发现，生动、有趣，让人印象深刻。

图7-20

设计主题：《让文物站起来》设计

设计者：程月娇

指导教师：范薇

设计说明：设计主题是湖北省博物馆的四件馆藏文物，分别是元青花四爱图梅瓶、曾侯乙编钟、越王勾践剑、虎座鸟架鼓。图书设计主要采用后面的背景层层地将文物环绕在中间的排列方式，搭配人物使整幅画面更加生动活泼。每次将书打开就可以看到文物瞬间站起来，就像整本书的名字"让文物站起来"，在文物的下一页还搭配了关于这个文物的小故事。

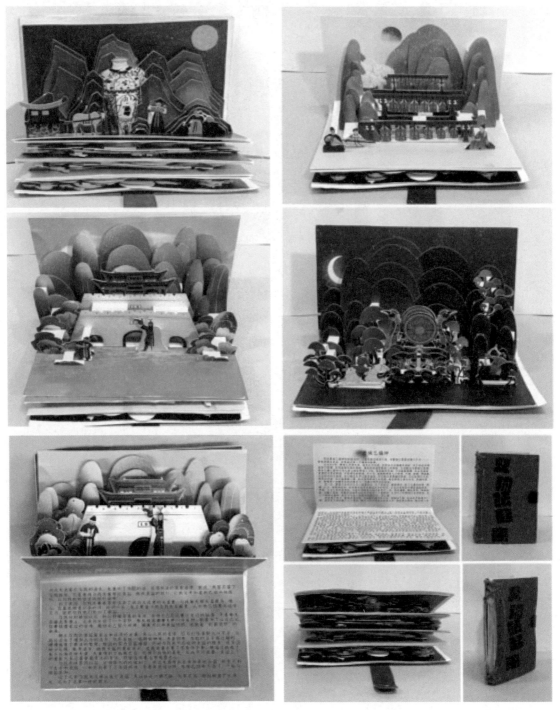

图7-21

设计主题：《汉韵》设计

设计者：杨玉婷

指导老师：范薇

设计说明：《汉韵》是一本兼具功能性、趣味性、宣传性的图书，以立体书独具匠心的设计与武汉城市的四种文化完美结合。其表现形式上脱离传统绘本及文字描述的方式，采用交互式立体设计的形式，使读者和图书之间建立一种新的交流沟通方式，引导读者在视觉冲击与手动体验的过程中了解武汉地域文化，展示其独特的文化底蕴和魅力。

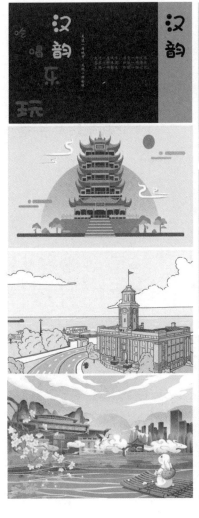

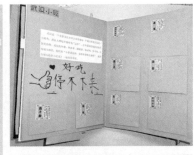

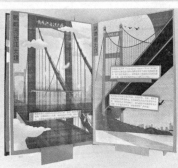

图7-22

133

设计主题：《湖北诗词月刊》设计

设计者：叶梦妮

指导教师：范薇

设计说明：这本书的主题是湖北的诗词文化，分别描绘了湖北赤壁、襄阳、荆州、云梦、西塞山、鄂州等经典古诗场景。其用一幅幅色彩清新、格调雅致、意境优美的插画展现了湖北地域特点，并通过手工创作的方法，将房屋以及山水进行切割，形成了立体的效果。设计者自创了名为"小岑"的角色贯穿全书，使人有身临其境之感；然后配上灵动的诗词小机关，更富有一丝趣味性。图书的装帧选择用硬纸板作为主要材料，再利用精美的包装纸进行修饰，打开时形成连绵不断的感觉，繁简得当。

《湖北诗词月刊》 书籍装帧设计

书籍平面展示   书籍立体展示

图7-23

设计主题：《武汉美食》设计

设计者：廖香琼

指导教师：范薇

设计说明：设计者根据武汉当地人民的喜爱程度和游客印象，对武汉美食文化进行深入研究，而后通过照片和文字相结合的方式进行图书设计的表现。图书部分页面采用了立体设计，增加了趣味性。

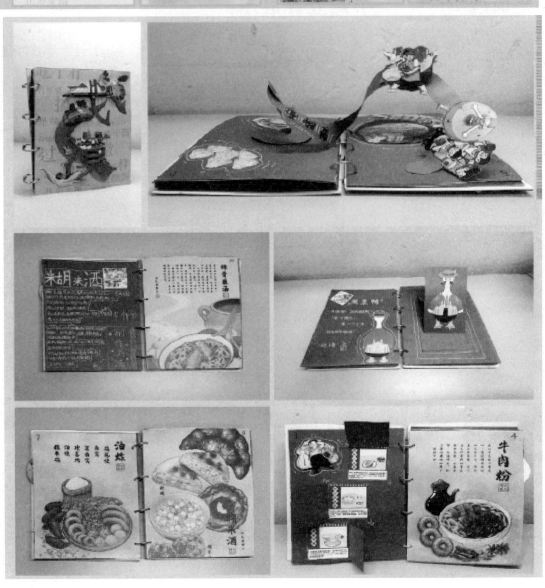

图7—24

设计主题：《CLOTHES》设计

设计者：张雅娟

指导教师：范薇

设计说明：主题是恩施土家族苗族服饰文化创意设计。图书设计中运用了许多小机关让图书更加立体，视觉效果更加强烈，并加布料纹样的点缀。设计者收集了很多关于土家族苗族服饰的图片并进行解释说明，从服饰的细节、衣物、纹样、首饰，以及服装自主更换页面等几个方面制作了这本立体书，能让读者更加直观地感受恩施土家族苗族的服饰文化以及历史文化，形式内容生动有趣，吸引眼球。

《CLOTHES》 书籍装帧设计

书籍平面展示： ## 书籍立体展示：

  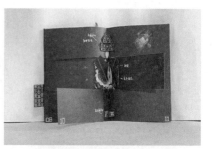

图7-25

附录　优秀书籍设计案例

案例1：《VISION》设计（沈晨光）

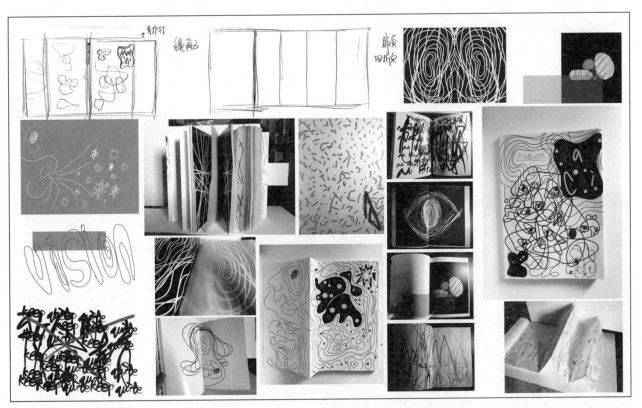

图8-1

案例2：《中国结》设计（程鑫）

图8-2

案例3：《怪谈》设计（杨柳）

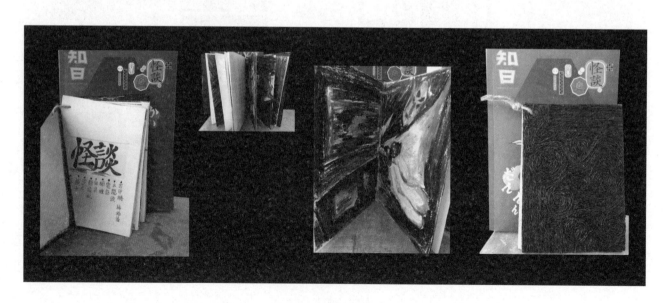

图8-3

案例 4：《味》设计（向菲）

图 8-4

案例5：《分享》设计（葛宇成）

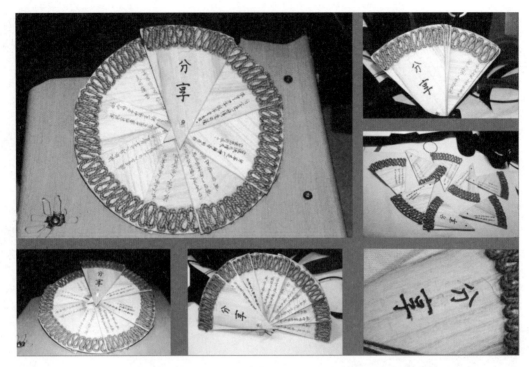

图8-5

案例6：《伤口》设计（陆文欢）

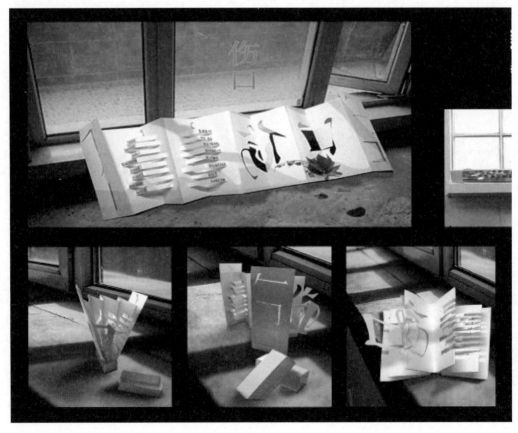

图8-6

案例7：《山海经》设计（苏云尚）

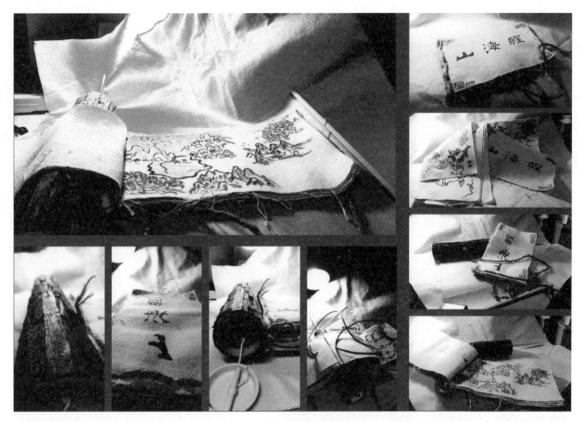

图8-7

案例8：《无题》设计（刘谦）

图8-8

案例9：《爷爷的假日》设计（李荣）

图8-9

案例10:《他和她》设计(杨洋)

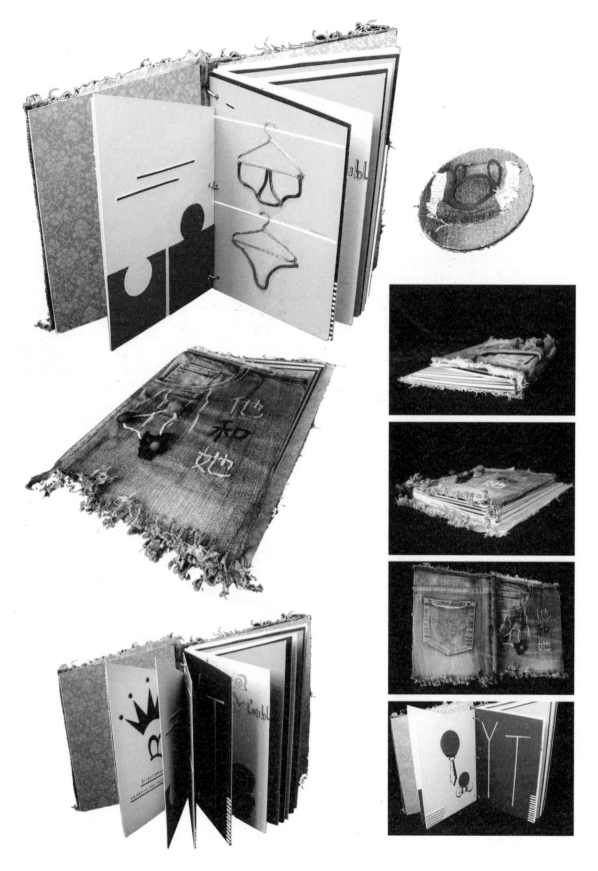

图8-10

案例10:《他和她》设计(杨洋)

案例11：《HOPE》设计（余秋卓）

图8-11

案例12：《回归》设计（付增）

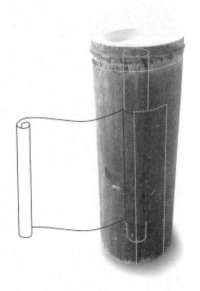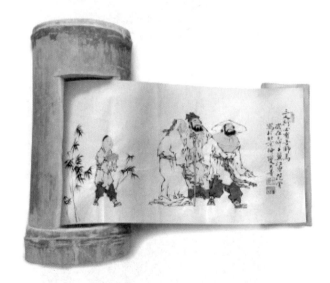

图8-12

参考文献

[1] 吕敬人. 吕敬人书籍设计教程 [M]. 武汉：湖北美术出版社，2005.

[2] 安娜. 书籍设计 [M]. 北京：化学工业出版社，2013.

[3] 曹刚，等. 书籍设计 [M]. 北京：中国青年出版社，2012.

[4] 周靖明. 书籍设计 [M]. 重庆：重庆大学出版社，2007.

[5] 子木. 书籍设计微课堂 [M]. 北京：首都师范大学出版社，2018.

[6] 王宇，王璞. 书籍设计 [M]. 北京：北京师范大学出版社，2013.

[7] 雷俊霞. 书籍设计与印刷工艺 [M]. 北京：人民邮电出版社，2015.

[8] 赵健. 交流东西·书籍设计 [M]. 广州：岭南美术出版社，2008.

[9] 黄彦. 现代书籍设计 [M]. 北京：化学工业出版社，2019.

[10] 许甲子. 书籍设计实践与案例 [M]. 北京：化学工业出版社，2021.

[11] 袁家宁，刘杨. 书妆：书籍装帧设计 [M]. 北京：中国画报出版社，2020.

[12] 道格拉斯·科克瑞尔. 造书：西方书籍手工装帧艺术 [M]. 余彬，恺蒂，译. 南京：译林出版社，2022.